JN059616

海洋生態系再生への提言

持続可能な漁業を確立するために

HIRAIZUMI NOBUYUKI
監修 平泉 信之

MASAYUKI KOMATSU
著者 小松 正之

雄山閣

海洋生態系再生への提言　目 次

第１章　2019年度北太平洋海洋生態系と海洋秩序・外交安全保障体制に関する研究会第１次中間論点・提言

第２章　2020年度北太平洋海洋生態系と海洋秩序・外交安全保障体制に関する研究会第２次中間論点・提言

監修者ごあいさつ

一般財団法人　鹿島平和研究所会長
平泉信之

1971年のニクソン訪中前、1972年の米ソ間のSALT戦略兵器制限交渉前の、冷戦の只中の1966年、元外交官、当時参議院議員の鹿島守之助は私財を投じて財団法人　鹿島平和研究所を設立した。戦間期の1923年のベルリン在勤中に第一次大戦の敗戦国となり共和国となった元オーストリア・ハンガリー帝国における侯爵だったリヒャルト・クーデンホーフ・カレルギー（Richard Coudenhove-Kalergi、母は青山みつ、日墺混血）と懇意になった守之助は、クーデンホーフ・カレルギーが唱える反共・汎欧州を柱とする欧州共同体構想に魅了され、反共・汎アジアを柱とするアジア共同体設立を誓う。40年の時を経て、財団は設立したものの、大東亜共栄圏の失敗、経済格差・東西両陣営に跨るアジアの多様性でアジア共同体の実現可能性は低く、守之助は、冷戦下で地域紛争に巻き込まれることを回避し、「繁栄に直接関係のある基本的諸案件を調査研究し、（中略）わが国内の態勢の整備確立に寄与せんとすると共に、（中略）世界の各国との関係において今後ますます平和的役割を果たすことを期待し、出来うるかぎり貢献する」ことを設立目的とした。外交史家でもあった守之助が1894年～1922年の部分について自ら筆も執った『日本外交史（全38巻)』は1973年には外務大臣賞を受賞した。また、設立以来、ほぼ毎月開催されてきた外交研究会は現在、コロナで中断を強いられているが、2020年2月までで616回を数えている。

守之助の死後、財団は娘婿の元外交官、衆議院議員の平泉渉（筆者の父）に引き継がれた。しかし、戦後75年で27回の頻度で総選挙を行う（実質任期＝約2年10か月）農村地域の中選挙区選出の衆議院議員だった父は、「票にならない」外交政策を調査研究する財団活動を敢えて抑制していた様に思う。「所詮はお遊び」と見做される財団活動より、派閥内行事に精を出し、党及び政府の役職を引き上げ、地元への利益誘導を行い、後援会を強化すべきだった。しかし結局、毎晩7時には自宅で筆者等と夕食を共にし、面白いテレビ番組が無ければ9時には書斎に引き篭もり、深夜までお気に入りのソファに腰掛け書籍や各省庁作成の法案説明資料に蛍光ペンを引いていた。他議員や新聞記者等とは大して付き合わなかったのだ。案の定、英仏独露語に堪能で東西に跨って博覧強記で発想力も卓抜だったが、30年を超える議員生活で科学技術庁長官と経済企画庁長官と大臣は2度に止まり、毎回選挙には苦労し、利益誘導で県会議員・市会議員を掌握することが必須の小選挙区選挙では勝てず、政界を引退した。

父の死後、財団は長男の筆者に引き継がれた。筆者は、前2代と異なり、外交官でもなければ政治家でもなく、一介のビジネスマンに過ぎなかったが、それ以前の20年に亘り、設立時から続く旗艦研究会である外交研究会に参加し、経済界の講師の手配、財団法人・社団法人改革に伴う公益財団法人・一般財団法人への移行手続の手伝いをやったこと、財団が入居するビルの大家である鹿島建設の取締役であったことから、評議員会・理事会によりいわば「管財人」会長に指名された。以後、6年間、筆者は、政権の政策から逸脱できない政府系ではなく、政権の政策と異なる主張すら行える独立系財団として、また、リスクが取れない著名な財団ではなく、リスクが取れる無名の財団として、重要だが注目されていない政策領域で大胆でインパクトある提言を行うことを目標に、研究会活動を行ってきた。ある評議員の言を借用すれば、「『成長の限界(スイスのシンクタンクであるローマクラブが1972年に発表した報告書)』を出せ」ということになるが、なかなか難しい。現在、研究会は20あり、6年間で累計22の研究会が立ち上がり、5つの研究会がPDFや冊子形式の報告書や書籍やネット上の動画の形で成果発表を行い、活動を終了した。

こうした中で、新研究会は、理事、評議員が主査（プロジェクト・マネージャー、理事・監事、評議員でない場合は客員研究員となる）となって始め、その後、理事や評議員の推挙を受けた方、研究会に参加した大学やシンクタンクの研究者へ、と輪が拡がり、理事会の評決を経て、現在20となっている。この「北太平洋海洋生態系と海洋秩序・外交安全保障体制に関する研究会」は、元東京財団、現シンクタンクPHP総研の亀井善太郎主席研究員が、弊財団・小黒理事の仲介により弊財団である研究会の主査（客員研究員）となり、東京財団在籍時の同僚であった小松正之氏を筆者に紹介したことから始まった。小松氏は、弊財団における研究会の設立を希望し、外交研究会において講師を務め、新設申請を行い、理事会の承認を得て、2019年4月に期間2年ということで研究に着手した。

2020年7月に中間論点とりまとめ、2021年8月に第2次中間論点・提言を行い、2022年3月の理事会における評決を経て、4月以降はテーマを拡張、メンバーも入れ替えて新研究会として再出発する予定である。多様な分野の専門家から成る研究会メンバーに加え、元「みなと新聞」記者の川崎龍宣氏、中村智子氏という強力な兵站部隊を持ち、水産族議員と改革派議員、水産庁、農水省、農水省記者クラブへの結果報告、それに基づく議員立法のための研究会開催と、政策提言のみならず提言実現のための活動まで行うことで、他の研究会と一線を画す筆者の眼からは瞠目すべき研究会である。

主査である小松正之客員研究員の広い視野と、弊財団の理事会における理事のいろいろな意見を取り入れた結果が相俟って、大変に長い研究会の名称となったが、筆者の頭の中では、本研究会は、常に「水産業復興」研究会であり続けた。その詳しい内容については本書に譲るとして、ここでは水産業の全くの門外漢として、2年間、財団会長という資格だけで研究会に参加した筆者の言葉で水産業復興の道程を語れば以下の通りとなる。即ち、

1. 水産資源のデータ収集を制度化する
2. データに基づき水産資源管理を行い、水産資源を資産化する。換言すれば、将来収益に基づき価値評価が可能な形とする。
3. 水産業復興の意欲と技能を有する事業者の参入を促す。退出者は正当に価値評価された水産資源を売却することができる。
4. 参入した事業者が高収益を上げられる設備投資、インフラ（港湾、道路等）投資を呼び込む。
5. 差別化された特産品・名物、または、たとえ他地域で生産されていても歴史的・客観的に特産品というポジショニングの水産物から高収益の水産業を実現する。

6. 差別化された特産品というポジショニングのメニュー開発・設備投資（立地する景観・街の歴史と合致し、地元を熟知するスタッフを擁する便所掃除が行き届いたレストラン）を行い高収益の外食産業（特産品を楽しめる店舗最低２つ以上）を育成する。
7. 特産品の水産物、それを調理したレストランでの食事に加え、寺社仏閣・城郭等の歴史的建造物または郷土著名人の記念館・地元芸術家の美術館・郷土博物館への設備投資、レストランによる地元特産の果物を使った茶菓子の開発（小憩時の喫茶需要に対応）により、最低でも半日観光の最終目的地となる観光地の開発（郷土史家、地元大学、その他大学の研究者を巻き込んだコンテンツ開発）、そのための人材開発（経営者、キュレーター、２ヶ国語を話す案内員）。今後、焦点は少しでも観光客の滞在時間を伸ばし、地元における消費機会を増やすことである。
8. 昼食、観光、喫茶、観光、夕食が可能な観光地となれば、次は一泊以上の観光の最終目的地を目指し、周辺景観・街の歴史と合致し、地元を熟知するスタッフを擁するホテル（古民家の改修）への投資。
9. 特産水産品、レストラン、観光、宿泊施設の収益を、極力自然の景観を回復する方向の投資を行い、高収益のエコ観光業（マリン・スポーツ、登山、スキー等のインストラクションを含む）を育成し、外食、歴史的遺構・無形文化財（祭礼）と合わせ一週間滞在できる観光の最終目的地に仕上げる。かくて、地方の雇用・収益・税収を牽引する産業と為すことを期する。

弊財団において、この5年間、累計24の概ね全ての研究会（年間約120回）—研究テーマは国際情勢、外交、安全保障から、産業構造、社会保障、国土計画、財政、気候変動、日本史、特定国の事例研究、世界史まで多岐に亘る—に参加して、筆者は、日本が抱える課題には共通のパターンが存在する、または、日本が直面する問題は共通または相似形だとの感触を得るに至った。その一つは、国家または組織としての目標を達成し、その結果、外部環境を変えてしまっても、目標及び戦略を変えられない、という問題。今一つは、変えられない理由は、機能・職能別の組織の利害調整ができず、統合できないため、という問題である。付加的な問題として、企業やキャリア官僚のジョブ（ジョブやタスクではなく、「人事異動」、「配属」と呼ばれることが多く、人材が主、組織としての仕事が従と受け止められる言い方なのが興味深い）の任期がほぼ3年以下で、任期内には機能・職能別組織間の利害調整を含む構造的な問題、長期的な問題を解決できず、

表１　外部環境を変えてしまっても、目標及び戦略を変えられない日本

西暦	経過年数	事件		西暦	経過年数	事件
富国強兵を通じた列強入り（不平等条約改正）			目標・戦略	加工貿易立国を通じた戦後復興		
1868	0	明治維新	起	1950	0	朝鮮戦争
1904	36	日露戦争	承	1979	29	“Japan as #1”
1922	54	最後の長州元老・山縣有朋死去	転	1985	35	プラザ合意対策としての低金利政策～資産バブル
1924	56	最後の薩摩元老・松方正義死去				
1931	63	満州事変	結	1992	42	資産バブル崩壊
1945	77	終戦		2027	77	財政破綻？

先送りを余儀なくされ続ける、即ち、外部との衝突で壊れるまで、または、自壊するまで解決されない。更に、根底には、忠誠または義理人情が効率や論理に優越する、という価値観がある。

これではあまりに抽象的なので、より具体的に述べてみたい。

表１は、戦前・戦後の日本史を起承転結の形式で表現したものである。この枠組自体、枠組内の各事件に賛否はあるだろうが、この表の要点は次の通りである。即ち、戦前も、戦後も当初目標を当初の戦略を実施して30年内外で達成し、そうした成功故に世界秩序さえ変えてしまったが、そうした新しい現実に適応しようとせず戦略を変えないうちに、戦前は政府と統帥権が独立していた軍を統合していた元老の死、戦後は加工貿易立国を可能にしていた円ドルレートが崩れ、変更せねばならない戦

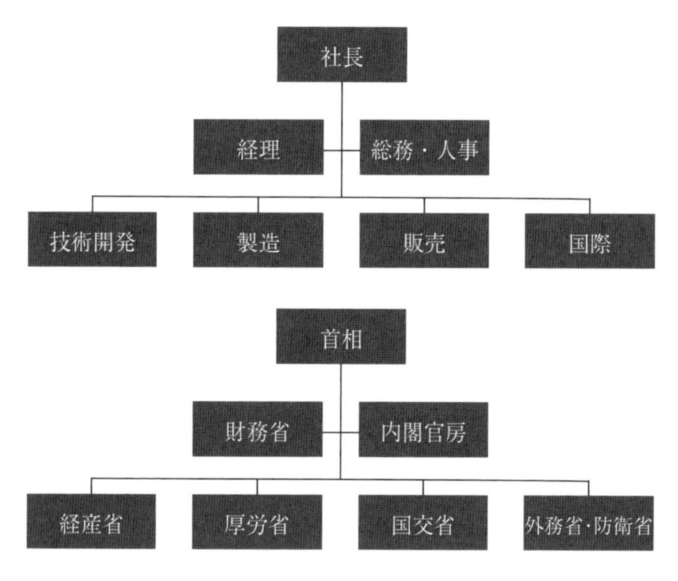

図１　機能・職能別の組織の利害調整ができず
統合できない日本の官民組織

略のまま満州事変、プラザ合意の対策としての低金利政策を採り資産バブルを起こしてしまった。富国強兵や加工貿易立国の戦略を転換していれば、満州事変や資産バブルはなかったかも知れない。

次の機能・職能別の組織の利害調整ができず統合できないという問題は、オランダ人ジャーナリストのカレル・ヴァン・ウォルフレンによる1986年のForeign Affairs誌掲載論文The Japan Problemとして有名だが、筆者が初めてこの問題に遭遇したのは丸山眞男の『日本の思想』における「蛸壷対簓（ささら）」の類比だった。

図1の職能別組織構造は当然官僚組織でも健在だが、個別省庁に止まらずフラクタル構造として日本政府を全体、各省庁を部分とした場合にも観察できる。この場合、経理機能に対応する財務省、総務・人事機能に対応する内閣官房はスッタフ（調整官庁）であり、ライン機能に対応する各省庁はいわゆるトンカチ官庁である。これらの機能別組織は、社長（事務次官）の輩出、執行役員の数、社員・施設・予算の配分を競い合うが、利害調整が困難になると組織が機能不全となり、各機能別組織内の部分最適に走る。官僚組織では、第2次世界大戦を戦いながら、陸海軍の間で仮想敵・情報・資源の共有ができず、陸・海・海兵を制度的に統合し円滑な作戦遂行能力を実証した米国と著しい対照を為した。民間企業では、日本航空における機能別従業員組合が倒産に大きな影響があったことは衆目の一致する処である。

外食・観光・エコ観光を含む広義の「水産業」の高収益・成長産業への復興を契機に、義理人情に埋没して効率・論理が貫徹しない日本の他産業も覚醒し、3ヵ年の中期計画や概ね3年のキャリア官僚や衆議院議員の任期を超える長期的視点に立脚して、既得権でがんじがらめの事業部・省庁（「課あって部・局無し、部・局あって事業部・省無し、事業部・省あって会社・政府無し」）の壁を越えて、顧客・納税者のために、部分最適ではなく全体最適を実現し、よって以て日本企業・日本が30年の長期低迷を脱却し（ゾンビ化・財政破綻を回避し）、米国並み一人当たり所得GDP6万ドルから世界最高のスイス並み8万ドルまでの所得を稼得し、自己実現を追求できる国、社会保障と財政の問題を解決し、尖閣諸島を守れる防衛力、先進国随一の自然災害リスクをマネージできる国となることを期待して止まない。しかし、そのための時間はあまり残されてはいない。

まえがき

北太平洋海洋生態系と海洋秩序・
外交安全保障体制に関する研究会　主査・小松正之

今回北太平洋海洋生態系と海洋秩序・外交安全保障体制に関する研究会論点（提言）を出版するに際して、この研究会の目的と議論の背景を説明しておくことが、読者の方々に、論点及び提言がなぜその内容で、どうしてそれが論点及び提言として取り上げられたのかを理解するうえで、一助となるとの思いから、この論点及び提言の背景となるまえがきを執筆するものです。

研究のテーマと目的でありますが、そもそも本研究会の主査を務める私（小松正之）は30余年間にわたり、国内と2国間と多国間の国際交渉において漁業・水産行政並びに海洋環境の問題に携わってきました。

ところがここ30~40年間は、世界に比較して日本の漁業と水産業の衰退は愕然とするほど著しいのです。このような衰退に有効な政策を打てず、民間の活力が減退するのを見るにつけ、本当にとても残念です。それでも漁業・水産業の内部にいる方がたは、日本の遠洋・国際漁業が縮小し、国内漁業が自国200カイリ内の自国の主権の下の漁業・水産業であるにもかかわらず、制度と政策を根本的に改め改善しようとしません。

まだ現状に執着し、大局的な視点で問題を捉えずに、それを実行するのに科学者の有するデータに根拠がない、真の原因は外国が悪い、地球温暖化が悪いと責任と苦情を第三者のせいにする傾向があります。

また、上記のような漁業・水産業の内部の問題に加えて、漁業を取り巻く環境と生態系の問題があります。明確なことは海洋生態系の悪化と劣化によって、海洋水産資源の繁殖力や生息域が減少していることです。日本人は海は広大であるがために、そこに長い間、陸上産業と人間の生活で生じた汚染物質、化学物質と余剰な熱を排出してきました。これらは資金を投入して処理するよりは海に流した方が安上がりであります。しかし、これらの行為は地球環境の劣化と地球温暖化の原因でもあります。

森林と農地や都市化した地域での排出物のために、また、陸域から河川や地下水を通じて流れ込む水質・水量や水温の変化で海洋の生態系の生物多様性とプランクトンなど各要素が生き残る力を失っていることが原因であると推測されます。

従って、漁業・水産業システムと法制度の改革は待ったなしで、大胆な内容の改革をしなければならないことは疑問の余地がありませんが、これらの陸・海洋生態系の悪化の現状と要因を把握して、その対応方法と解決策を至急摘出しなければなりません。

日本政府は問題が生じたときにお金を配って解決することを長年政策としています。今回、福島第一原発の冷却の汚染水が蓄積し、これを海洋放出することに対して、その放出の悪影響の調査も行わず「風評被害」との言葉で、海洋に適切な専門知が乏しい原子力規制委員会に測って「かたづけ」ようとの姿勢がその端的な例です。漁業者らには補助金を配ってしまえばとの姿勢です。しかし、海の環境と生産力は補助金では回復しません。重要なことは科学的根拠に基づいての、大局観と専門性に満ちた対応です。

海洋生態系と漁業・水産業との関係の問題摘出と対応方策の検討にもそのような大局的、専門分野の狭い域を超えた対応が求められます。水産庁と農林水産省の枠を超え、環境省、国土交通省そして経済産業省の垣根を越えることです。また、研究分野も狭い範囲を越えること、重層的なインターデシプロナリーな専門知を駆使した研究が必要です。これは単にこの分野にかかわらず、コロナウイルス感染症への対応、原子力やエネルギー分野と食料の安全保障の分野でも当てはまるでしょう。

陸・川・海洋生態系と生物多様性並びに食糧の問題意識と解決策から提言する場合には地球温暖化と気候変動への対応がおのずと違った幅広いが現実的な解決策が見えてくると考えられます。このような観点から「本研究会」が開始されたのです。

北太平洋海洋生態系と海洋秩序・外交安全保障体制に関する研究会

1. 研究のテーマと目的

(1) 概要

地球温暖化の進行とともに大気だけでなく、日本周辺海域・北太平洋・南太平洋における海面水温の上昇が著しい。加えて、都市化の波が陸上の生態系を変化させている。このため、海洋に生息する魚介類の北上（南半球では南下）が顕著に進んでいる。サケが、従来の生息域と国境を越え、日本や米カリフォルニア州から姿を消しつつあり、ロシアとアラスカ州に集中・増加している。これがロシアのサケの巨大な孵化・放流によって増幅されている。こうした動きは、サケにかぎらず、あらゆる海洋水産資源で観察されるものであり、北太平洋の海洋の環境そのものの収容力に上限があるとすれば、急激な変化は確実に予見され、国別の海洋資源量にも重大な影響を及ぼすであろう。

こうした問題は、海洋生態系の保全と資源管理を複層的に取り組むことが求められるものである。加えて、日本単独での対応ではなく、多国間の協調等、国際的な関係性の構築と対応が求められる政策課題である。また、その対応にあたっては、科学的な知見に基づいた現状把握等、学術的なアプローチはもちろんのこと、外交的な助言と食料の安全保障の観点から、包括的、鳥瞰的視点から、専門的知見を踏まえ、現実的な解決策を示し、統合して政策に反映することができる実用的な調査研究体制の構築が不可欠である。

これからの国際課題について、日本が今後の「新しい時代」をリードすべき分野とその指針を具体的に示すミッションを有す鹿島平和研究所として、我が国の今後の安全と繁栄に直接関係ある基本的諸案件である持続可能な環境と資源のあり方はもとより、国際的な連携の枠組みまでを俯瞰する本研究は、当研究所が有している外交・安全保障から国土・資源の保全まで、幅広い知見とネットワークを一層活用し、社会に貢献できる研究分野である。

(2) 海洋生態系崩壊と食糧安全保障

近年の地球温暖化・海洋海水温上昇に伴う海洋生態系の変化は著しい。また、長年にわたり防災を目的として、沿岸の堤防建設などハードニングが行われてきたが、さらには東日本大震災後の防波堤・堤防建設ラッシュにより、三陸沿岸では多くの藻場や干潟と湿地帯を失い、生物の生息場である良好で生産性が高い沿岸域を失ってしまった。同地は、アワビやウニと海藻類などの良好な漁場でもあったが、2018年の養殖貝類の出荷を長期間停止した貝毒の発生もあり、その食料の生産を失うこととなった。こうした各地の状況により、日本全体で見れば、過去30年間で、現在の日本の漁業生産量の1.6倍の656万トンを喪失し、417万トンとなり、ピークの3分の1まで減少してきている。

こうした日本の漁業生産高減少の主因は、時代遅れの漁業法制度を維持し、2018年12月に漁業法の一部改正は行われたが、世界の趨勢であるITQ（譲渡可能個別漁獲割当）などの資源管理の流れに対応せず、これを根本的に修正しない水産政策にある。

生態系を保全し、海洋資源を守り、産業としての水産業の持続的発展を目指すならば、水産政策の転換は当然のことながら、海洋生態系の変化への対応も併せて進める必要があろう。具体的には、長期のプランを立て、これに基づき、生態系の力を回復・修復していかなければならない。こうした取り組みは、日本単独の対応ではままならず、資源管理政策の他国との協調、環境政策の国際的な枠組みの構築は当然にして求められるところであり、東アジアのみならず、北太平洋等の海域について、優先的に取り組んでいくことが、外交および安全保障の観点からも重要であろう。なにより、食糧自給の観点からも、近年急速に低下し、過去最低の記録（55％：2017年）を脱したものの水産物の食用自給率（59％：2021年）の改善も図っていかねばならない。

（注）本調査の主たる対象海域は原則として北太平洋とするが、研究成果が活用できるので、大西洋海域と南太平洋海域も情報収集の対象として含めるものとする。

最近は北太平洋の米国沿岸に広範な暖水塊（Blob）が出現。日本近海にも暖水塊が出現している。南太平洋でも2015~6年のサイクロンの発生がサンゴ礁を破壊した。

陸上の生態系も都市化、農業の発展（放牧と灌漑農業）並びに防波堤と護岸と埋立地の建設による自然環境（藻場、干潟、湿地帯と汽水と河口域）の喪失と激変があげられる。カリフォルニアの都市化、豪グレートバリアリーフの陸域の放牧と灌漑農業化や東日本大震災の三陸沿岸のハードニングが漁業生産量の減少と海洋生態系に影響する。

(3) 資源争奪戦と国際機関の機能不足

①海洋水産資源のうち、特にサケ（シロザケ、マスノスケ、紅鮭とギンザケ）、クロマグロ、サンマ、ホッケ、スルメイカ、マサバとマイワシが激減している。これらのうち、東シナ海と日本海並びにオホーツク海は国際機関が存在せずに管理できない。また、北太平洋漁業条約は、その条約と国際機関が適切に機能していない（サンマ、イワシ、サバを対象とするがサケ・マス、カツオ・

マグロと鯨類は除外)。サンマとイワシ並びにサバは中国、韓国と台湾が公海で漁獲し、中国の漁獲は急速に伸びている。

②サケ・マス、マダラ、ロブスターは中緯度海域から移動して高緯度に生息する傾向がみられ、これが同一国内では州をまたぎ、国境を越えて移動(漁場と産卵場が異なる)し、資源の国際的配分(水資源の配分に似る)にまで影響が及ぶことが課題である。

③また、東シナ海と日本海には国際機関が存在しない空白海域となっており、中国や北朝鮮による過剰な漁獲が問題である。

2. 研究課題

研究項目は以下のとおり。

①幅広い生態系の保全を考慮にいれ、漁業資源の管理の手法を改善するために諸外国の先進的事例の研究(ITQ改善点を中心に)

②海洋生態系の変化(温暖化と暖水塊の形成)と漁業資源との関係の調査

③陸上生態系の変化(過去の土地利用と現在の比較研究)と海洋水産資源の生息城と資源量の調査

④国際機関の機能と現状並びに国際条約・国際機関の設立の可能性の検討調査(日本海、オホー

ツク海と東シナ海）

⑤上記を食料の安全保障と資源の配分と分割（回遊のパターン；漁場と産卵場）の観点と合わせて包括的に検討する。国連海洋法第67条サケ・マスの母川国主義は正しいのかの検討。

3. 研究期間

2019年4月1日~2022年3月31日。

当初は2年間の予定だったが、3年間の研究会に延長された。

それは、本研究会の研究分野が多岐にわたり、また各回毎に更なる研究の深堀と拡大他の必要性が認識されたためであった。

参　考

2019年度から2021年度研究会各回のテーマ

1）2019年度の会合

回数	開催日	主要議題
第1回	2019年4月17日	研究会の発足。研究会の趣旨・目的の検討
第2回	2019年5月17日	「海洋生態系崩壊と温暖化がもたらす資源争奪戦と食料安全保障問題」全体的概論（小松正之主査） 「国連海洋法・SDG s と北太平洋の条約の課題と将来」（小松正之主査）
第3回	2019年6月14日	「国別TACのないことにより発生するリスク」（片野歩委員） 「国連海洋法条約・SDGsと北太平洋の条約の課題と将来」（小松正之主査） 「国連海洋法条約と北太平洋の主な公海漁業条約」（川﨑龍宣委員）
第4回	2019年7月19日	「最近の日本の漁業動向と水産政策改革について」（小松正之主査） 「北太平洋主要魚種の資源動向について（クロマグロ、マサバ、サンマ、シロザケ、クジラ）」（川﨑龍宣委員） 「気候変動下におけるサケの保全と利用―その持続可能な資源管理」（帰山雅秀、北海道大学北極域研究センター、北大名誉教授）
第5回	夏休み休会	
第6回	2019年9月6日	「流域開発と海岸線工事が河口環境の生態系に及ぼす影響」（デニス・ウィグハム、スミソニアン環境研究所、上席植物学者）
第7回	2019年10月25日	「国連海洋法の成立過程と日本の交渉」（阪口功、学習院大学法学部教授） 「CITESと海洋資源の管理と課題」（真田康弘、早稲田大学地域・地域間研究機構、客員主任研究員・客員准教授）
第8回	2019年11月29日	「防災も考慮した沿岸環境の保全・再生の取り組み―宮城県気仙沼市の事例紹介―」（横山勝英、首都大学東京都市基盤環境学科教授）
第9回	2019年12月20日	「海洋ガバナンスの課題と展望」（寺島紘士、笹川平和財団海洋政策研究所前所長） 「BBNJ条約案と本来あるべき国連海洋法について」（小松正之主査） 「遅れた太平洋のサンマ資源管理」（川﨑龍宣委員）
第10回	2020年1月31日	「地球温暖化が水産資源に与える影響」（桜井泰憲、函館国際水産・海洋都市推進機構、函館頭足類科学研究所所長、北大名誉教授） 「世界のイカ資源の動向他」（川﨑龍宣委員）
第11回	2020年4月17日（WEB会議）	「統治機構改革と水産資源保護政策」（亀井善太郎委員） 「水産基本法と水産基本計画・海洋基本法と海洋基本計画」（川﨑委員） 「統治機構と水産行政・水産政策の遂行の問題点と課題」（小松主査）
第12回	2020年5月29日（WEB会議）	総合討論と次年度の計画の検討

2) 2020 年度の会合

回数	日付	主たる議題
第 1 回	2020 年 6 月 26 日(金) ホテルオークラ東京にて会合	・2019 年度北太平洋海洋生態系と海洋秩序・外交安全保障体制に関する研究会の中間論点（案）の検討と採択 ・2020 年度研究会の日程案（予定）の検討と研究会メンバーの紹介 ・「地球温暖化と海面上昇に関するオランダの防災研究と対策—小松主査 2020 年 3 月出張報告」（小松正之主査）
第 2 回	2020 年 7 月 31 日(金) WEB 会議	・本研究会論点の農林水産省・政治家、プレスなどへの説明と反応の紹介（小松正之主査） ・「バックキャスト方式に基づく生態系アプローチ型持続可能な水産資源管理」（帰山雅秀、北海道大学北極域研究センター、北大名誉教授） ・「漁業法改正とその運用方針、ならびに令和元年水産白書の概要：海洋生態系」（川﨑龍宣委員） ・「森川海と人：広田湾の海洋生態系と 5 ～ 6 度の水温の急上昇と養殖業への影響」（小松正之主査）
第 3 回	2020 年 8 月 28 日(金) WEB 会議	・「日本の水産業の課題：産業全体を俯瞰した施策の必要性について」（砂川雄一、合食社長） ・「グローバル経済と漁業資源」（寶多康弘、南山大学経済学部教授） ・「水産研究；教育機構の改組について」（川﨑龍宣委員）・国民共有の財産法（仮称）」と「論点・提言の実施のメリットは何か」の検討状況（小松正之主査、川﨑龍宣委員）
第 4 回	2020 年 9 月 25 日(金) WEB 会議	・「河川流域・沿岸における総合土砂管理の現状と今後　環境・水産との連携」（横山勝英、東京都立大学都市環境科学研究科教授） ・「近年における海水温上昇が海洋及び水産資源に及ぼす影響」（株式会社海洋総合研究所、蓮沼啓一社長） ・「海洋水産資源の国民共有財産化法案と提言実行のメリットについて」ワーキング・グループ報告・小松正之主査
第 5 回	2020年10月23日(金) WEB 会議	1. 海洋水産資源に関する独立研究機関について (1)「日本におけるシンクタンクの課題と展望」（亀井善太郎委員） (2)「海外と日本の海洋水産関係の研究機関」（帰山雅秀北大名誉教授、川﨑龍宣委員、小松正之主査） 2. 国民共有財産化法案と論点・提言実行のメリットについて（前回のフォローアップ）

第6回	2020年11月20日（金） WEB会議	・「広島湾における牡蠣養殖業の現状と課題」（平田水産技術コンサルティング代表、平田靖） ・「瀬戸内海の現状とあるべき姿」（合食社長、砂川雄一） ・「芦田川河口堰の開放」（福山市議会議員、大田祐介） ・「瀬戸内海環境保全特別措置法及び同法施行後の動向」（川崎龍宣委員） ・「瀬戸内海環境保全特別措置法改正への提言」（小松正之主査）
第7回	2020年12月25日（金） WEB会議	・「PICES（北太平洋海洋科学機構）の取組・展望とブルーカーボン（海洋への二酸化炭素の蓄積）」（水産庁研究指導課、鈴木伸明研究管理官） ・「議員立法による海洋基本法の制定」（寺島紘士委員）・「議員立法の説明」（川崎龍宣委員、小松正之主査）
第8回	2021年1月22日（金） WEB会議	・「日米で大きく異なる企業生態」（平泉信之鹿島平和研究所会長） ・「日米豪の水産庁組織比較」（川崎龍宣委員、小松正之主査）
第9回	2021年2月26日（金） WEB会議	・「海岸保全の現状と課題」（国土交通省国土保全局海岸室、田中敬也室長） ・「海洋基本法の第25条「沿岸域総合的管理」の実施の現状と今後の課題」（寺島紘士委員）
第10回	2021年3月26日（金） WEB会議	・「陸前高田市古川沼湿地帯造成と広田湾再生プロジェクト（古川沼と広田湾のトンネル連結計画を含む）」（小松正之主査） ・「北太平洋サケ・マス資源と資源減少ダイナミックス：サハリン州国際サケ・マス会議報告」（帰山雅秀北大名誉教授・小松正之主査）
第11回	2021年4月23日（金） WEB会議	・「干潟・内湾・河口域のワイズユース」岩手医科大学松政正俊教授 ・「陸前高田市の小友浦と古川沼の現状」（小松正之主査）
第12回	2021年5月28日（金） WEB会議	・「自然資源公物論」 神奈川大学法学部 三浦大介教授 ・「福島第一原発の放射能処理水の海洋放出と温暖化と海洋生態系への影響」（小松正之主査）
第13回	2021年6月25日（金） WEB会議	・「流域治水の推進について」国土交通省水管理・国土保全局、井上智夫局長 ・「2020年漁業・養殖業生産量（速報値）について」（川崎龍宣委員）

3） 2021 年度の会合

回数	日付	主たる議題
第 1 回	2021 年 7 月 30 日	・第 2 次中間提言の検討 ・2021 年度研究会の予定（案）について ・スミソニアン環境研究所・アンダーウッド社の来日について（小松正之主査） ・令和 2 年度水産白書の紹介（川﨑龍宣委員）
第 2 回	2021 年 8 月 27 日	・第 2 次中間提言の採択 ・「不漁・温暖化・水産業の未来」（国立研究開発法人水産研究・教育機構、元理事長、宮原正典氏）
第 3 回	2021 年 9 月 24 日	・「世界の海洋水産資源管理の最新状況と ITQ」（水産アナリスト、片野歩氏）
第 4 回	2021 年 10 月 14 日	・「みどりの食料システム戦略について」（川合豊彦・農林水産省大臣官房審議官（技術・環境）） ・「海洋生物環境研究所訪問の報告」：風力発電、温排水、原発の放射性物質の影響について（小松正之主査）
第 5 回	2021 年 10 月 22 日	・「北太平洋海洋生態系研究会での国際捕鯨委員会・鯨類・海洋生態系に関する第 1 次と第 2 次中間論点での取り扱い」（小松正之主査） ・「北西太平洋海洋生態系と南太平洋海洋生態系と鯨類との関係について」（㈶日本鯨類研究所ルイス・パステネ博士／田村力氏）
第 6 回	2021 年 11 月 26 日	・「環境対策と財政の課題―経済学の視点から」（小黒一正　法政大学教授） ・「日本政府の環境予算について」（川﨑龍宣委員）
第 7 回	2021 年 12 月 24 日	・「都市における汚水処理について」（国土交通省水管理・国土保全局下水道部、植松龍二部長）
第 8 回	2022 年 1 月 21 日	・「日本の森　過去、今、未来」（林野庁森林整備部、小坂善太郎部長））
第 9 回	2022 年 2 月 25 日	・「生物多様性条約と OECM(Other Effective Conservation Measures) について」（環境省自然保護局、奥田直久局長）
特別研究会	2022 年 3 月 17 日	・「北の海　蘇る絶景」（NHK エンタープライズ自然科学部鶴薗宏海氏）
第10回	2022 年 3 月 25 日	・「スウェーデンの行政法の研究―自然保護法制の変遷」（法政大学大学院法務研究科（法科大学院）、交告尚史教授）
第11回	2022 年 4 月 22 日	・「北太平洋の海洋生物資源の管理に関する地域漁業管理機関等の近年の動向」早稲田大学、地域・地域間研究機構、客員主任研究員・研究員客員准教授、真田康弘氏
第12回	2022 年 5 月 27 日	・「最終提言の採択」

ホリスティック・アプローチを政策で実現するためのシンクタンクの課題と今後の可能性

PHP 総研主席研究員
立教大学大学院21世紀社会デザイン研究科特任教授
亀井善太郎

我が国の政治と行政は、明治憲法以来の各省による分担管理より、戦前の近代化と戦後の復興を迅速に進めるため、供給サイドからの政策立案のアプローチが踏襲されてきた[(1)]。これに対し、経済と社会の成熟を見越して、平成期に進められた一連の政治改革や統治機構改革は、衆院総選挙に小選挙区制を導入し、その後、国民の選択を駆動力として、統治機構の主体を内閣に転換させ、「国務を総理する[(2)]」内閣の高度の統治・政治の作用を重視したものであった[(3)]。これらの改革によって、統合された意思決定と縦割りの排除、さらには、需要者起点の政策立案を進めるべく、あらゆる取組みが進められてきた。内閣の機能を強化し、内閣が主導する政策の立案や執行を推進するため内閣官房を強化し､内閣府を設置したのも、その取組みの一つである。

ところが、従来の各省の枠に収まらない政策領域の担務を内閣府に寄せたものの、実務部隊は各省に残存する形となったため、その実行力は乏しく、一連の改革が転換を目指した、各省割拠主義、縦割り行政、ボトムアップによるコンセンサス型意思決定の弊害の克服には至っていないのが現状だ。内閣に本部が設置された政策領域に関する各種文書の多くも、各省が書いたものを束ねただけの、いわゆるホチキス留めしたものばかりだ。また、こうした経緯もあって、官僚機構の専門性の育成にも多くの課題を残している。

本書のテーマである海洋生態系保全の問題は、まさに、統合された意思決定と縦割り排除、さらには、需要者起点の政策立案はもちろんのこと、新たなステークホルダーとして認識すべき環境を保全する立場から、あらゆる政策立案が求められる重要な政策分野だ。その際に重要なのは、生態系保全に関わる問題が、将来にわたって、どのような問題を引き起こすのか、直感的な理解はし難く、論理的な想像力を用いなければ、政策課題として認識し難いものだということである。[(4)]

国民の選択を駆動力としてきた一連の改革の影響もあって、政治の短期志向が進んだ。[(5)]未来のことよりも、目の前の事態に対応するばかりの政治が続いている。その時々の関心に応じて、世論はより移ろいやすいものとなっている。

そうした中、アカデミア・専門家の関心のタコツボ化も進んでいるように思われる。こうした政治状況にあるからこそ、むしろ、多様な知を統合し、社会に具体的なインパクトを出すことができる政策の提言が求められているのではないだろうか。

政策の研究と提言を行う組織として、シンクタンクが存在する。現在、シンクタンクとして認識されている組織の設立は1920年代のアメリカに遡るが[6]、シンクタンクという言葉が使われるようになったのは1950年代に入ってからだ。さらに、幅広く普及したのは60年代以降になる。シンクタンクは「正式な政治過程の周辺で活動する民間･非営利の研究グループ[7]」と定義されている。現在の活動や人事の動きを見れば、アメリカにおける民主制の根幹である政権交代を前提にした、政府、アカデミア、民間のリボルビング・ドアの円滑油、人材プール機能も伴った組織と位置付けられるだろう。

シンクタンクは各国にも存在し、専門的な立場からの政策課題の設定、提言はもちろんのこと、外交や安全保障における対話[8]、経済・財政の見通しの提供[9]、財政出動の監視、政策効果の評価と改善の提案、さらには、政策や社会課題に関わる情報の再編集やデータベースの提供といった多様なタイプもあり、それぞれの国の政治や行政において不可欠な機能を成している。多様なステークホルダーが、科学的なエビデンスやロジックを用いて、対話を重ね、政策を検討、立案していく政治プロセスに対する信認が、民主制そのものの基盤には必要との確固たる認識が共有されているからこそ、シンクタンクは独立して、その機能を存分に発揮できる。

日本においても、様々な成立母体によるシンクタンクは存在するが、筆者が考えるシンクタンクの５つの要件、①イシュー（政策課題）の選定、②アカデミアの知見を活かした研究、③研究を活かした政策提言（制度、運用、組織等）、④多様な主体が集まる対話の場、⑤これらのプロセスを通じた政策人材の育成には、それぞれに課題がある[10]。

政府の受託調査を担う組織が日本では多いが、そうした状態では、イシュー（政策課題）を決めるのは霞が関の官僚機構であり、独自性は存在しない。どのような政策課題を選択するか、という問題は、アカデミアにおける研究テーマの選定と同じく、シンクタンクにおける独立性や主体性そのものに関わる問題であることは強調しておきたい。５つの要件はそれぞれに重要だが、欠くべからざるはイシューの選定である。また、大半の調査は、現存する資料やデータの再編集に留まり、アカデミアの知見を活かした研究にも至っていないのが現状だ。

一方、大学等を主体に、アカデミアの知見を活かした研究があっても、政策に関わる制度、運用、組織といった政治や行政の難しさを踏まえた具体性を伴う提言となっていないため、公表された提言を政策や個々の事業に活かすことができないことが多い。

概観したシンクタンクの歴史のとおり、多様な主体が集まる対話の場の設定は重要な機能だが、資金的な制約から会議を開催できない状況もあるが、会議を主催したとしても、①から③の経験が活かされない、単なる場の提供に留まる例も多く見られる。

こうしたプロセスを通じて、政策立案や評価、制度や運用の提言、さらには、政策に関する対話を担うことができる人材を育成していくのもシンクタンクの機能だが、人材育成は、行政実務や政治の現場に関わることによって、つまり、リボルビング・ドアがうまく回ることによって、はじめて実現できると考えるべきだろう。日本の労働慣習はもちろんのこと、政治における中立性を要求する日本の社会のナイーブさも、その障壁となっているのではないだろうか。

本研究会において繰り返し指摘されてきたのは、長期思考を含むホリスティック・アプローチの必要性だ。海洋生態系の保全を考えれば当然のことだが、行政における縦割り、さらには、事務系/技術系といった分業、アカデミアにおいても学術領域を越えた交流が行われていない現状を乗り越え、海洋生態系の保全という共通のテーマについて、課題の発生経路を遡りつつ、その解決に向け、真摯な探求と対話が行われていかねばならない。

そのための場として、シンクタンクが必要となるわけだが、日本における課題は、シンクタンクの設立と運営に必要な資金の調達の困難さにある。プライベートな利益（共益・私益）の実現を担うロビイストではなく、パブリックな利益（公益）を追求するシンクタンクでは、投資の回収は短期的には見込めず、篤志家でもないかぎり、資金を拠出･負担する人や組織は出てこないだろう。もちろん、政府による拠出・負担という選択肢もあろうが、厳しい財政を考えれば、実現性は低いし、なにより、シンクタンクの根幹ともなる独立性・主体性に課題が出てくる。

そこで着目すべきは、認証や資格を活用した運営資金の獲得である。海洋生態系の保全に直結する認証や資格に関する制度を創設し、その認証や資格提供への対価を求めていく方法だ。欧米を起点とする、持続可能性を目指した水産物の認証制度は、我が国でも開始されたところだが[(11)]、こうした活動は、ホリスティック・アプローチを伴う研究と対話によって、我が国独自の進化を遂げることができるだろう。こうした双方のメリットを踏まえ、研究と政策提言、さらには、対話の基盤となるシンクタンクの整備と実効性ある認証・資格制度の有機的な相互関係の確立を進めていくべきではないだろうか。

注

(1) 日本の中央政府の各省は、近年設置された一部の行政組織を除き、供給者別に設置されている。
(2) 日本国憲法第73条
(3) 詳しくは、筆者自身が検討に加わり、研究会の成果をまとめた、PHP総研（2019）「統治機構改革1.5 & 2.0」およびPHP総研（2022）「憲法論3.0」を参照されたい。
(4) 類似の問題では、環境問題、気候変動、さらには、財政健全化といった世代間の公正等の問題が挙げられるだろう。いずれも共通して求められるのは、科学的なエビデンスとロジックに基づく想像力であり、自らの世代にとどまらない遠い未来を見据えた長期思考や文明のあり方までも含むホリスティック・アプローチである。最近では、Roman Krznaric (2020) The Good Ancestor（松本紹圭訳、2021）が、その方法論に詳しい。
(5) 近年の国政選挙の実施状況を振り返れば、2000年以降の22年で15回（衆議院8、参議院7）、およそ一年半に一回の選挙を行ってきた。加えて、日本経済の相対的低迷はもちろんのこと、新たな国際秩序を模索する国際政治の動き（ロシアによるウクライナ侵攻もその一つといえるだろう）、近年においては災害やパンデミックも影響しているものと思われる。
(6) ブルッキングス研究所、外交問題評議会等
(7) James Allen Smith (1990) Idea Brokers: Think Tanks And The Rise Of The New Policy Elite（長谷川文雄訳、邦題「アメリカのシンクタンク」、1994）
(8) 英国王立国際問題研究所の通称を用いた「チャタムハウスルール」は、外交や安全保障分野の会議で使われる約束のこと。会議参加者は誰でも、会議における対話や議論に関する情報を自由に使用できるが、特定のコメントをした人を明らかにすることはできないというもの。外交や安保における対話では、トラック1（政府間）、トラック2（民間）の中間にトラック1.5が存在し、シンクタンクがその機能を担っている。
(9) ドイツでは、戦争に至った反省から1950年代以降、5大経済シンクタンクが経済予測を担当している。これに関する費用は、憲法に基づき政府が負担している。
(10) 紙幅の都合で具体的な根拠を示すことはできないが、いずれの課題も、民間における調査、コンサルティング、国会議員を経て、現在は、シンクタンクに在籍する研究者、また、政府の各種政策立案や評価等に関わる専門家、NPOにおける課題

解決の実践者としての筆者の経験による。
(11) MSC（Marine Stewardship Council、海洋管理協議会）による認証（https://www.msc.org/jp）

水産資源保護の政策手段の拡充に向けて
—カーボンニュートラル政策との比較から—

法政大学教授
小黒一正

1. 問題意識

世界や日本では今、地球温暖化対策のための温室効果ガス排出量の削減に向けて、カーボンニュートラル等の政策立案が急速に進んでいる。この環境対策として実施されている政策手段は、水産資源の保護に向けた政策手段の拡充や強化の参考になる可能性がある。このため、本稿では、水産資源の問題を環境対策と比較する形で考察・検討してみたい。

この考察を行う前に、経済学の観点から重要と思われるポイントを3つ挙げておく。まず第1は「2重配当の議論」である。水産資源の問題も温室効果ガスなどの環境問題と同様に負の外部性が存在し、乱獲により資源が枯渇してしまう可能性がある。温室効果ガスでは温暖化が起り、それが海水面の上昇や激甚災害の増加といった負の外部性を引き起こす可能性がある。この問題を解決するため、いま政府はカーボンニュートラルとして、CO_2 等の温室効果ガス排出量の削減を目指して炭素税などを導入しているが、2重配当の議論は我々の社会経済上の厚生に大きな影響を及ぼす。

そもそも、政府は必ず何らかの財政活動をする際に税や社会保険料を徴収する必要があるが、税などを課すと必ず資源配分上の損失が発生する。他方で環境対策としては、CO_2等の温室効果ガスの排出などに課税（ピグー税やボーモル・オーツ税）を行い、負の外部性を削減する方法がある。しかも、こうした課税は必ず追加の税収をもたらすから、それを財源に既存の所得税や法人税などを減税する選択も可能となる。つまり、ピグー税等の導入は、負の外部性の改善効果と資源配分の損失解消という「2重の配当」を可能とする。この政策的な効果は強力であり、水産資源の分野でも似た議論を展開することができるのは明らかだろう。

第2は「新しい市場」の創設である。地球温暖化対策ではCO_2等のカーボン排出量取引が存在するが、水産資源の分野でもIQ（個別漁獲割当）やITQ（譲渡可能個別漁獲割当）等が存在し、これら制度を拡充して「新しい市場」を創っていく試みの重要性である。

最後の第3は「会計基準の変更」である。過去の事例をみても、国際会計基準の変更、すなわち時価会計や年金会計・減損会計などは世界各国の企業の意思決定や行動に大きな影響を与えてきた。いま地球温暖化対策では、新たな市場の創設やESG会計として、欧州勢が中心に国際会計基準に変更を仕掛けてきており、水産資源の問題でも参考にすべき点があると思われる。

2. カーボンニュートラルとの比較

まず、本稿が比較対象としているカーボン分野では、政府が決定した「2050年カーボンニュートラルに伴うグリーン成長戦略」（令和2年12月25日）において、成長戦略の一つとして、新しく「クレジット取引」が盛り込まれた。

（参考1）2050年カーボンニュートラルに伴うグリーン成長戦略（令和２年12月25日）（抄）
3．分野横断的な主要な政策ツール
（1）規制改革・標準化

（中略）市場メカニズムを用いる経済的手法（カーボンプライシング等）は、産業の競争力強化やイノベーション、投資促進につながるよう、成長戦略に資するものについて、既存制度の強化や対象の拡充、更には新たな制度を含め、躊躇なく取り組む。検討に当たっては、環境省、経済産業省が連携して取り組むこととしており、成長戦略の趣旨に則った制度を設計しうるか、国際的な動向や我が国の事情、産業の国際競争力への影響等を踏まえた専門的・技術的な議論が必要である。

（i）クレジット取引
クレジット取引は、政府が上限を決める排出量取引は、経済成長を踏まえた排出量の割当方法などの課題が存在している。日本でも、民間企業がESG投資を呼び込むためにカーボンフリー電気を調達する動きに併せ、小売電気事業者に一定比率以上のカーボンフリー電源の調達を義務づけた上で、**カーボンフリー価値の取引市場や、Jクレジットによる取引市場を整備しており、更なる強化を検討する。**（略）

このため、いまカーボンでは①炭素税、②排出量取引、③クレジット取引という3つの政策手段が存在し（図表）、会計基準の変更を加えて4つの政策手段が存在する。

このうち②の排出量取引については、諸外国において水産資源の分野でもIQ（個別割当制度）やITQ（譲渡性個別割当）等が存在するが、農水省が長年否定的な見解だったため、日本では遠洋マグロ延縄（はえなわ）漁業において大西洋クロマグロとミナミマグロが、日本海カニかご漁業においてベニズワイガニ（いずれも政府が管理）と新潟県のホッコク赤エビ（新潟県管理）がIQ制度の対象となっているのみで、ITQ制度（新潟県では事実上の譲渡は行われている）は存在しない。また、他の国々ではIVQ（漁

	カーボン	水産資源
①	炭素税	水産資源保護税（仮称）
②	排出量取引	IQ、ITQ、IVQ
③	クレジット取引	水産資源を保護した分で個別割当が増加

図表　カーボンと水産資源との比較（筆者作成）

船別に配分される割り当てを自由に移転する制度）も存在するが、これも日本では2018年の改正漁業法で事前承認が条件で漸く認められた。

では何故、カーボンでは議論が進む一方、水産資源の分野では議論がゆっくりでしか進まないのか。その一つのヒントは、この図表にある。まず、水産資源の分野では①の炭素税に相当するもの、「水産資源保護税」（仮称）の議論も存在しない。また、②の排出量取引を拡充する大きな原動力となっているものが③のクレジット取引という認識も広がっていない。以下、順番に説明しよう。

まず一つは、①の炭素税である。炭素税の導入においては、政府も含めて様々な推進アクターが存在するが、環境省の陰で推進の最も大きな原動力になっているのは財務省であろう。日本のエネルギー関係課税の税収は2018年度で約4.6兆円も存在し、例えば2012年に導入した温対税（地球温暖化対策のための税）は財政再建にも一定の貢献をしていることが分かる。このため、水産資源の分野でも乱獲等（例えば小型魚の漁獲に課税）の負の外部性を解決するために「水産資源保護税」（仮称）等の導入を農林水産省が提言すれば、様々な形で財務省などが応援する可能性が高い。

もっとも増税の議論は慎重に行う必要があり、図表では税と記載しているが、税という形でなくても構わない可能性がある。環境省は数年前から環境対策の一環で、これまで無料だったスーパー等のビニール袋を有料に誘導する政策を展開している。これは税ではないが、事実上コストを引き上げるので、ピグー税と実質的に似た効果をもつ。しかし、この有料化したビニール袋代はスーパー等の小売業者の収入になっており、これら業者は政策の導入に反対しない。これは水産資源の分野でも応用でき、見かけ上（例えば、マグロなどに市場での取引率を0.5％を上乗せ）は税でも、その一部を例えば関係業者グループに還元、あるいは徴収した税を水産資源の保護などに補助金（徴収後の料率をIQを実施する漁業者に還元）として投入していくという政策とセットで議論すれば、カーボン分野と同様、水産資源の分野でも違った動きが出てくる可能性があると思われる。

もう一つは「クレジット取引」である。周知のとおり、カーボンニュートラル政策では、「カーボンプライシング」と呼ばれる概念があり、従来は「価格アプローチ」（例：炭素税）と「数量アプローチ」（例：排出量取引）が注目されてきたが、最近は既述のとおり、新しい政策手段として「クレジット取引」が注目されている。この理由は、図表の①や②の議論に留まっている限り、CO_2 等の温室効果ガスの排出削減に向けて、企業などに強いインセンティブが働かないためである。この問題を解決するため、企業が様々な環境対策で温室効果ガス排出量を削減した場合、その削減量をクレジットとして認定し、市場で排出量として売買できる仕組みが「クレジット取引」である。例えば、カーボン分野でいま実際に運営が行われているものが「J-クレジット制度」である。

すなわち、J-クレジット制度の参加者のメリットや最大のインセンティブは、クレジット分を売却する時に獲得できる利益となっている。日本では現在（2021年1月時点）、概ね2000円／t-CO_2 で売買されているが、EUやアメリカでは1万円／t-CO_2 で日本の4倍や5倍で取引されている。カーボン分野ではこの動きが図表の②（排出量取引）に大きな影響を与えており、水産資源の分野でもITQ制度やIVQ制度などの導入を促すためには、図表の③のように、クレジット取引を参考に、水産資源を保護した分に応じて関係業者の②（個別割当）が増加する仕組みの検討などが必要と思われる。

3. 国際会計基準との関係

最後は国際会計基準の変更である。いまカーボン分野では、ESG会計として、国際会計基準の見直しが始まっている。IFRS財団が国際会計基準を策定しているが、これは世界で140カ国以上の地域や国において大半の企業に適用されている。

2020年9月、IFRS財団は、サステイナビリティ基準審議会（SSB）を設置しており、2022年の6月に新たな基準の草案を出すことを表明している。ハーバードビジネスレビューのレポートでは、既存の企業の財務成績とサステイナビリティに関する成績を統合するという記述もあったが、金融庁の幹部からの情報では、現在のところ、非財務情報での記述に留まる模様である。このため、今回の見直しが企業戦略や行動に及ぼす影響は小さいと予想されるが、開示項目の拡充を含め、いずれ企業のカーボンニュートラルに対する取り組みを財務情報に記載する議論が出てくる可能性もある。その場合、企業戦略や行動に大きな変化を及ぼす可能性があることから、漁業経営・水産資源の分野でも、例えば、ITQの下で効率的に漁業し、燃費を節減し、船団構成を縮小したりする等の似た仕掛けを議論する価値は高いだろう。

流域圏の水環境と水産資源

東京都立大学都市環境学部教授
横山勝英

1. 身近な魚貝類の枯渇

2022年2月2日、熊本県産としてスーパーなどに並んでいたアサリは、実はほぼ全量が中国からの輸入アサリで、産地偽装されていることが報道された。2020年の熊本県のアサリ漁獲量は21トン、2021年10月～12月の3ヶ月間に熊本産として販売された量は2,485トンということで（農林水産省2022）、年間販売量に占めるホンモノは1%にも満たない状況であった。

ニホンウナギは2014年に絶滅危惧種に指定されたにも関わらず、スーパーやコンビニでそれらしき商品が山積みで売られている。多くは、日本国内で違法・無届けにより採捕されたシラスウナギを養殖したものや、外国にて違法・無報告・無規制漁業により採捕されたものであると言われている。さらに、販売時の産地偽装も毎年のようにニュースになっている。

本書はこうした様々な問題と、それに対する方策を多角的に論じているが、ここでは具体例として通し回遊魚と河川・海岸工事の関係性について述べてみたい。

2. 水産有用種の現状

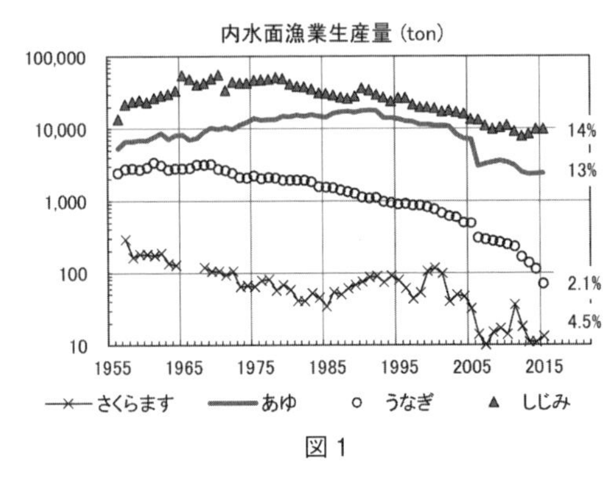

図１

日本の漁業生産量のピークは1984年に1,282万トンあったが、2018年には34％の442万トンまで落ち込んだ。内水面漁業はさらに壊滅的であり、あゆはピーク時の13%、うなぎは2%に減少し、未だ下げ止まらない（総務省統計局2017)。これらは海と川を往来する魚種であり、内水面漁業生産量の86%を通し回遊魚が占める。また、シジミは塩分が1程度の河口汽水域で成長するが（海水塩分は32程度)、これもピーク時の14%まで減少している。

激減の要因として、乱獲、生息場の劣化、陸域からの水・土砂・栄養塩や有機物の供給状況の変化などが考えられる。

3. 魚類の初期生育場

河口付近は河川水と海水が混合する「汽水域」と呼ばれ、塩性湿地・干潟・内湾の奥部は他の水域と比べて高い生物多様性と生物生産力を示す。魚類や甲殻類、貝類などの水生動物だけでなく、植物や鳥類にいたるまで多くの生物が汽水域を摂餌・成長・繁殖の場として利用する。絶滅危惧種のニホンウナギに代表されるような海と川とを往来する魚種にとっても、接岸・摂餌・成長のために不可欠の水域である。

また、水産有用種を含む多くの魚種が仔稚魚期を汽水域で過ごす。魚類は数万～数百万個の卵を産むが、様々な減耗により数匹しか成魚になれない。減耗率は仔稚魚期に最も高いため、河口～干潟～塩性湿地の環境が劣化していると成魚の数にも影響すると考えられる。

4. 土地開発・水害対策による水際の分断

日本の沿岸には干潟や塩性湿地が多数存在したが、高度経済成長期に農地・工業用地を開発するため、多くが埋め立てられた。干潟は1945年に約83,000 haあったが、1996年には60％に減少した。湿地は36％に減少して、現在残っているのは約30箇所に過ぎない（国土地理院、2000)。有明海では食料増産のため、有明海総合開発計画として、湾口を締め切って1,460㎢の海を淡水湖と干拓農地にする計画が1962年に立案されたが、規模が縮小されて諫早湾干拓事業が2008年に完了した。

水害対策としては、明治以降、洪水や高潮を防ぐため河川・海岸堤防の建設、かさ上げ、コンクリート化など

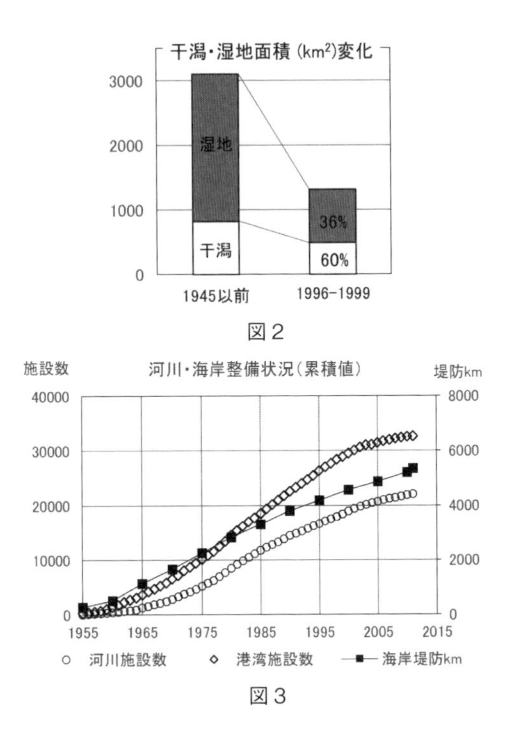

図2

図3

が進められている（国土交通省、2013）。また、2011年東日本大震災の津波被害を契機として、太平洋沿岸東北3県では高さ10〜15mの海岸堤防（防潮堤）の建設が「人が利用する全ての海岸」で進められ、砂浜、磯、干潟、湿地といった水際のグラデーションは多くの場所で失われた。しかし、防災施設の整備は目標値に達しておらず、今後も建設は進んでゆく。

5. 環境影響評価の難しさ

水産資源の減少の原因として、気候変動や地球温暖化の影響が言われることが多いが、諸外国では資源量が増加しているところもあり、日本のみが地球規模の変動の影響を受けるとは考えにくい。特に、通し回遊魚や貝類の減少については、生息場としての河川・湿地・干潟・海岸の環境が公共事業によって損なわれたことが影響している可能性が高い。

しかし、河川・海岸工事が生態系や水産資源におよぼす影響を評価することは難しい。工事前の科学的データの蓄積が乏しい場合が多いこと、工事の直接的影響のみならず、流域全体の改変（例えば河口堰建設と前後してダム開発や河川改修が行われるなど）も複合的に作用していること、短期的には影響が現れにくいことなどなどが上げられる。

6. 森川里海のつながり

1980年代後半から長良川河口堰問題や川辺川ダム問題などを通じて、全国的に市民の環境意識が高まっていった。また、1989年には気仙沼のカキ漁師が海の環境を保全するために流域に木を植えるという「森は海の恋人」植樹祭が始まった。こうした社会運動の影響を受けて、1997年は河川法が、1999年には海岸法が改正されて、公共工事における環境への配慮条項が加筆された。

環境意識が高まっただけではなく、森・川・里・海がつながることで豊かな生態系が育まれる、という概念が定着していった。そして、2000年代に入ると大勢の研究者がこの流れに乗って、森川里海における物質循環と生態系構造の連環について研究し、定量評価することを目指してきた。

この20年間で多くの研究プロジェクトが実行された結果、森林、ダム、河川、干潟、沿岸などの個別フィールドでの要素研究は一定の発展が見られた。しかし、森林保全、ダム堆砂対策、多自然川づくり、下水道整備、湿地・干潟・海岸の造成、漁場管理などを総合的に推進すると、どの程度、生物多様性が向上するのか？生物資源量が向上するか？といった問いに対して、未だに定量的な答えを示すことは出来ていない。

7. 旧来的仕組みの限界

科学が現象を解明するスピードと、現場で対策が求められているスピードは一致しないことがある。気仙沼の漁師が「森は海の恋人」という理念を提唱したのは1989年、その影響を受けて科学研究が進められ、アムール川流域の湿地帯で生成される溶存鉄がオホーツク海の一次生産に貢献していることが証明されたのは、25年後の2014年（Shiraiwa）である。また、流域の森林面積率と沿岸の生物多様性に正の相関があることが示されたのは、32年後の2021年（Lavergne et al.）である。

このように、データの蓄積が少ない、因果関係は複雑だがそれを包括的かつ継続的に扱う仕組みが無い、そのため影響評価も将来予測も難しい、定量評価ができないので施策を打ちにくい、証明・評価には数十年という時間を要する、その間に水産資源は減少の一途をたどる、という悪循環に陥っている。個別的な養殖技術の開発は進められているものの、流域圏全体を俯瞰して生息場を整備するという根本的課題には踏み込めていない。

8. 気仙沼市舞根地区の震災復興

2011年東日本大震災の大津波で東北地方の太平洋沿岸は壊滅的な被害を受けた。気仙沼市舞根地区では、住民はいち早く高台への移転を自主的に計画し、移転跡地では汽水域再生事業が推進された。1940年代まで存在した塩性湿地の復元、砕石を詰めた多孔質護岸による河川復旧、河川工事で発生した土砂を活用した干潟再生、地下水の流れを遮らない穴あき矢板を用いた道路復旧などである。

これらは、アサリやウナギの回復を狙い、カキ養殖場への栄養分の供給を助けることを目的として、環境モニタリングと復興事業が同時並行で進められた。事業前から効果を定量予測できていた訳ではないが､工事完了後、塩性湿地ではニホンウナギの生息が、干潟ではアサリ稚貝の着底がそれぞれ確認されて、その他、ミナミメダカや様々な生物の加入も確認されつつある。

通常であれば、役所の河川、海岸、水産、農業などの各部局の調整が難しい上に、陸の土地所有者や海面の利用者（漁協）との調整も困難で、かつ、前例の無い取り組みである。しかし、気仙沼市舞根地区では、震災復興をきっかけとして、行政と市民と研究者・教育者が広い視野を持って協働できたこと、30世帯程度の小さな集落で、河川延長は2kmと小規模であったことが幸いして、汽水域再生事業を実現できた。

9. 危機的状況からの再生方策

日本は2020年頃をピークに人口減少に転じてゆくと予想されている。そして、農地のうちの耕作放棄地の割合は1980年には2.3%であったが2015年には9.4%に上昇しており、その面積は4,230㎢にもなる（農林水産省2020）。また、全国の所有者不明の土地は2016年時点で41,000㎢であり、このうちの18.5%、約7,600㎢が農地であるという（所有者不明土地問題研究会、2017）。日本の国土面積（378,000㎢）のうち、森林や水面を除いた利用可能な土地は110,800㎢であり、その4〜7%が未利用もしくは所有者不明の農地ということになる。この割合は今後も増え続けてゆくと予想されている。

こうした土地を利活用できるようになれば、特に地方部において森川里海をつなぐ環境整備が可能になり、さらに、水際の低平地は水害や土砂災害の緩衝地帯としても機能する。これは水産、海岸、河川、環境などの特定の部局だけで扱える内容ではなく、日本の政策・組織のあり方そのものに関わってくる。社会構造が大きく転換しつつある今、旧来的仕組み・体制を改革できるかどうかが試されているといえよう。

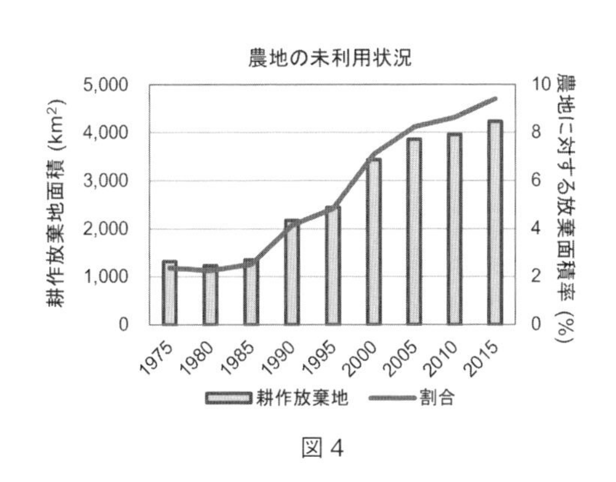

図４

参考文献

農林水産省 2022　広域小売店におけるあさりの産地表示の実態に関する調査結果、https://www.maff.go.jp/j/press/syouan/kansa/attach/pdf/220201-1.pdf（閲覧日 2022 年 2 月 10 日）

総務省統計局 2017　内水面漁業・養殖業魚種別生産量累年統計（全国、昭和 31 年～平成 27 年）

国土地理院 2000　日本全国の湿地面積変化の調査結果より筆者編集、https://www.gsi.go.jp/kankyochiri/shicchimenseki2.html（閲覧日 2022 年 2 月 10 日）

国土交通省 2013　インフラの維持管理の現状、第 5 回社会資本メンテナンス戦略小委員会資料より筆者編集、https://www.mlit.go.jp/common/001016267.pdf（閲覧日 2022 年 2 月 10 日）

Shiraiwa, T., 2014 A Review of Dissolved Iron Behavior with Respect to Land-use and Land-cover in the Amur River Basin and its Conservation for the Sustainable Future of the Region, Global Environmental Research, 18（2）, 125-132.

Lavergne, E., Kume, M., Ahn, H., Henmi, Y., Terashima, Y., Ye, F., Kameyama, S., Kai, Y., Kadowaki, K., Kobayashi, S., Yamashita, Y., Kasai, A.,（2021）Effects of forest cover on richness of threatened fish species in Japan, Conservation Biology, doi: 10.1111/cobi.13849. Epub ahead of print. PMID: 34668598.

農林水産省 2020　荒廃農地の現状と対策について https://www.maff.go.jp/j/nousin/tikei/houkiti/Genzyo/PDF/Genzyo_0204.pdf（閲覧日 2022 年 2 月 10 日）

所有者不明土地問題研究会 2017　所有者不明土地問題研究会最終報告概要、https://www.kok.or.jp/project/pdf/fumei2_01_13.pdf

海洋生態系管理の必要性と具体化に向けて

岩手医科大学 教養教育センター生物学科教授
松政正俊

2021年4月23日の研究会で「干潟・内湾・河口域のワイズユース」に関しての話題提供を、とお声がけいただいた。その後、オブザーバーとして研究会に参加するようになり、日本の水産の現状や、それと直接・間接に関係する食料システム、環境経済、汚水処理、森林管理など、自分の専門（生態学）以外の話題についても学ぶ機会を得た。不勉強な自分が知らなかった社会の動きや各分野の知見に触れる喜びを感じるとともに、日本では漁種の捕獲制限がこの20～30年の間あまり変わっていなかったことなどに驚き、20数年前に国連食料農業機関（FAO）が提示した「責任ある漁業（Responsible Fisheries）」の重要性をあらためて認識した。オーストラリアにおいて、メスのノコギリガザミは捕獲が禁じられ、オスも甲幅15㎝以下はリリースされること、また、こうした考え方が一般人を対象とした観光漁業を通して広められていることを知ったのも、やはり20年程前であった。その後、生物多様性条約第5回会議（COP5）において「生態系アプローチ（Ecosystem Approach）」が採択され、現在では責任ある漁業・持続可能な漁業を実現するための方針・具現化するツールとして、必要不可欠なものになっていると理解している。

「責任ある漁業」や「生態系アプローチ」の提唱には、20世紀後半に発展した生態学における知見の蓄積があったことは言うまでもない。生態学は生態系(ecosystem)、(生物)群集[(biotic) community]、(種)個体群[(species) population]、個体(individual)を対象とするが、生態系は群集を、群集は個体群を内包する、あるいは群集は生態系の、個体群は群集の構成要素となるといった関係にあるので、各々を独立した対象とは捉えずに、生物界の階層「レベル」と理解するのが妥当である。生態学では、それぞれのレベルを構成する複数の要素間の関係・相互作用を考え、個々の要素やその総体としての各レベルの挙動を解析・予測する。このような作業は、問題としている現象(例えば、群集の動態)を要素(例えば、個体群)の挙動・役割やその関係に還元して解析し、その結果を総合するというプロセスであるので、結構複雑である。さらに、各要素の「関係」は固定的とは限らない点にも注意が必要である。例えば、捕食者と考えられている種でも、幼体の時には他の生物の餌になりやすく、捕食者と被食者の関係が状況によっては逆転する。例えば、前出のノコギリガザミは熱帯・亜熱帯のマングローブ林に生息し、巻貝や小型の甲殻類等を捕食するが、浮遊幼生期や着底直後の稚ガニの時期には、魚類やその他の肉食・雑食の動物（同種の成体も含む）の餌食になってしまう。ノコギリガザミの個体群を安定的に維持するには、メス成体の保護などによる産卵・放仔数の確保のみならず、稚ガニの生残を助ける仕組み（間隙などのレフュージや、成体と幼体の住み分けなど）を機能させることも重要である。

注目種の成長段階による種間・種内関係の可塑性は、別の見方をすると、ある一種が占める「生態的ニッチ（ecological niche）」、この場合は食物関係におけるニッチ（food niche）が成長に伴って変化するとも理解できる。生息場所ニッチ（habitat niche）も生物の成長・生活史（life cycle）の段階で異なるのが普通である。すなわち、ある一種の個体群維持には、多くの場合、その生活史を完結できるように複数のタイプの生息場所をセットで良好な状況に保つ・管理する必要がある。ノコギリガザミの場合は、成体が暮らすマングローブ林のみならず、浮遊幼生として過ごす沿岸域、幼生が回帰・定着する河口域の環境が良好に保たれる必要がある。さらに、種個体群の安定性を考えると、複数の地域個体群が浮遊幼生によって繋がれ、個体・遺伝子のある程度の交流が維持されている状況が望ましい。空間的な広がりは、対象とする生物によって異なるが（クジラではかなり広いなど）、こうした理解は海洋生態系管理のスケール設定の基礎となるものである。

生物がどれ程の自種以外の生物と関係しているかを実感するには、我々の食物に何種類の生物が含まれているかを数え上げると良いであろう。これは生態系サービス（ecosystem services）のうちの一つ、供給サービス（provisioning services）によるものである。我々、ヒトを含めた全ての生物は多くの生物と直接・間接に関係しており、生物多様性の低下は、その劣化を意味すると捉えられてきている。生物多様性の低下への危惧は、日本では他人ごと、あるいは生き物好きの嘆きのように捉えられている感があるが、2007年のG8環境大臣会議で提唱された「生態系と生物多様性の経済学（The Economics of Ecosystem and Biodiversity: TEEB）」とその後の世界・日本の動きを考えると、生物多様性への理解の一般市民、特に生物多様性の維持に深く関わる地方に暮らす人々への浸透を加速する必要があると感じる。40年近く河口・沿岸域での野外調査に関わり、生物多様性の基盤となる生息環境が悪意なく、あるいは無意識に失われる現場を見てきた経験からである。

エグゼクティブサマリー：中間とりまとめと論点

2019年度北太平洋海洋生態系と海洋秩序・外交安全保障体制に関する研究会の中間論点

2020年7月6日

水産から日本国家の大局的な構造改革モデルを

本研究会は2019年4月17日に第1回会合を開催以来12回にわたり、水産資源の管理、陸域と海域の海洋生態系の問題、国連海洋法条約、ワシントン条約と地域漁業管理機関、国際漁業交渉、気候変動と地球温暖化の影響下の水産資源（サケ・マスとイカ類）、流域開発と海岸工事並びに防災と沿岸環境の保全、海洋ガバナンスの課題と展望を議論した。

日本政府は、専門性と包括的な見識に基づき、危機に瀕する海洋水産資源の保護と管理のための機能を発揮できていない。資源管理政策の失敗、地球温暖化や陸上活動の影響を受けて刻々と変化する海洋生態系・海洋環境に対応する政策の推進、実行と科学研究が進められていないことについて、当研究会はその問題と課題を検討した。

国連海洋法条約の精神と主旨に基づく「国民共有の財

2019年度のメンバー

氏　名	所　属
小松正之 (主査)	（一般社団法人）生態系総合研究所代表理事、アジア成長研究所客員教授
平泉信之	鹿島平和研究所会長、鹿島建設取締役
望月賢二	元千葉県立博物館副館長
八田達夫	財団法人アジア成長研究所理事長、大阪大学名誉教授
亀井善太郎	PHP 総研主席研究員、立教大学大学院特任教授
川崎龍宣	みなと新聞顧問
	必要に応じて、外交および安全保障の専門家を招致する。

オブザーバー；小黒一正（法政大学経済学部教授）
そのほかジャーナリスト、大学教授と漁業関係者他
リサーチ・アシスタント；中村智子

産である海洋水産資源」と国民全体がステークホルダーとなるべきことについても検討した。

日本の行政組織は、平成の統治機構改革によって内閣主導に転換されたが､多くの領域においては依然として、事実上、省庁の縦割りのままの対応が多く残っており、本来、あらゆる政策分野において機能すべき包括的な視点からの政策を立案し実施する体制になっていない。海洋と海洋水産資源の管理の部門も同様である。そこで、海洋水産分野の政策の遂行の問題と論点を摘出した。今後1年間をかけて最終提言をまとめる予定である。

論点

●**論点1**　政府は海洋水産資源を「国民共有の財産」とし､「すべての国民、消費者、NGOと科学者をステークホルダー」と明記する新漁業法制度を直ちに策定せよ。

「新しい漁業法制度」は、陸・海洋の生態系の包括的把握と国民総参加を明確に定めよ。

●論点２「海洋生態系アプローチ」管理戦略を定め、行政方針と研究目標を明示すること。単一魚種の分野を超え海洋生態系を広く研究すること。

●論点３　陸・海域の干潟・湿地帯、砂州や河口域と海岸線を面としてとらえ、地下水を含め、ウイルス、植物プランクトンから最高位の鯨類までの食物連鎖を含む垂直と水平の海洋生態系の研究・調査を充実せよ。

●論点４　我が国は防災を目的とするコンクリート堤防・土木建設（グレープロジェクト）を行ってきたが、欧米では河川と氾濫原並びに海岸地形や樹木の自然力を活用した「グリーンプロジェクト」が進展する。我が国も「グレープロジェクト」と「グリーン・プロジェクト」の融合、すなわち「逆土木」プロジェクトに取り組むべきである。

●論点５　生物学的許容漁獲量（ABC）に対応した総漁獲可能量（TAC）と譲渡可能個別割当（ITQ）制度の導入を行え。漁業経営安定化と生態系管理にも適切なITQを導入せよ。

●論点6　水産行政を漁業協同組合経由の沿岸漁業者への補助金と沿岸域の施設整備のハード事業予算の執行から水産業の中核をなす漁業と水産加工業を合わせた総合的な振興政策へ転換せよ。

●論点7　我が国の国際交渉は前例踏襲主義で外交方針がなく、国益を失っている。科学的根拠と国際法に則りリーダーシップを発揮すべきである。国民に説明責任を果たせ。

非公式会合に積極的に参加・貢献し国際合意形成に効果的に関与すべきである。

●論点8

8-1　改革的かつ包括的水産政策の企画・立案につき、官邸に助言を提供する機関として、水産庁から独立した「新水産研究教育機構」を内閣府の直属機関として設立するべき。

当該機関は以下の調査研究を行う。

①単一魚種から海洋生態系の研究調査；経済・経営調査；ITQと他管理制度の効果、組織統合と経営収支調査

②社会調査；水産加工業、流通と関連産業、地域社会と貿易、需給

③法学研究；国際条約と国際法と国内法と各国制度並びに国際会議研究

8-2　独立したシンクタンク・専門研究機関「海洋生態系研究所（仮称）」を早急に設立するべきである。外国籍科学者・研究者の採用と外国の研究機関との連携を行え。

エグゼクティブサマリー：第２次中間論点

2020年度北太平洋海洋生態系と海洋秩序・外交安全保障体制に関する研究会

2021年9月1日

国民共有財産としての海洋生態系管理から進める日本国家の政策・組織の抜本的改革を

本研究会では、国民全体の利益から見て「海洋水産資源の管理」の政策と法制度システムの包括的な、生態系管理への転換の必要性を、これまで継続して訴えてきた。これら海洋水産資源の適切な管理は、貴重な食料としても、また、海洋の環境の維持からしても、きわめて重要な政策課題である。

第２次論点実行の経済的効果

(1) 既存の政策のままでは、水産業・地方はさらに衰退してしまう

「第２次中間論点・提言」に沿って実施することで、魅力ある産業への転換を図り、若者にとっての意義ある雇用の場に転換していかねばならない。

2020年度北太平洋海洋生態系と海洋秩序・
外交安全保障体制に関する研究会メンバー

氏　名	所　属
小松正之（主査）	（一般社団法人）生態系総合研究所代表理事
平泉信之	鹿島平和研究所会長、鹿島建設取締役
横山勝英	首都大学東京都市基盤環境学科教授
亀井善太郎	PHP総研主席研究員、立教大学大学院特任教授
寳多康弘	南山大学経済学部教授
寺島紘士	笹川平和財団海洋策研究所　前所長
川崎龍宣	みなと新聞元顧問、ジャーナリスト
帰山雅秀	北海道大学北極域研究センター、北大名誉教授
	必要に応じて、外交および安全保障の専門家を招致する。

(2) 漁業・養殖業の生産価値を回復し、現在の3倍以上へ

(3)「海洋と水産資源は国民共有の財産」とし海洋生態系管理に政策を移行・転換した場合の経済効果

①海洋生態系内の生物種の利活用　②水産業関連産業の拡大

③スポーツ・フィッシングの拡大　④レクリエーションと観光;景観と自然のもたらす経済的な価値　⑤造船業やIT産業　⑥グリーン・プロジェクト新公共事業・産業

(4) 自然力として価値を持つ海洋生態系の経済効果を評価・研究へ

第2次論点（提言）

第2次の論点は将来の展望と目標到達点を示す「上位に来るべき政策的目標」（論点1）を最初に、その後、上

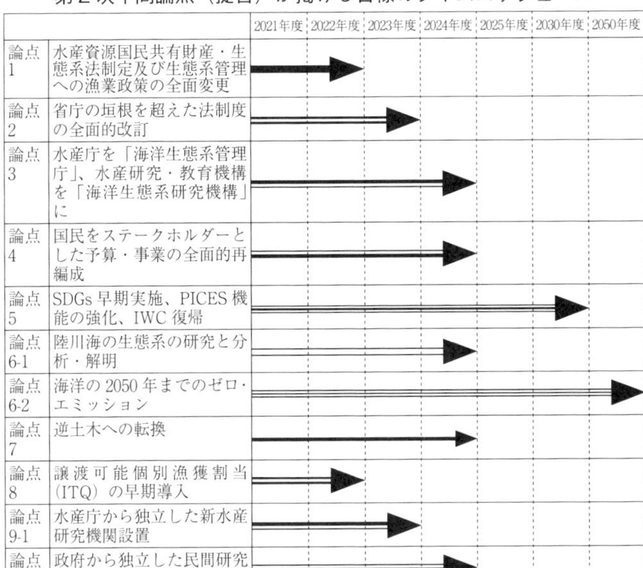

第２次中間論点（提言）が掲げる目標のタイムスケジュール

		2021年度	2022年度	2023年度	2024年度	2025年度	2030年度	2050年度
論点1	水産資源国民共有財産・生態系法制定及び生態系管理への漁業政策の全面変更	→	→					
論点2	省庁の垣根を超えた法制度の全面的改訂	→	→	→				
論点3	水産庁を「海洋生態系管理庁」、水産研究・教育機構を「海洋生態系研究機構」に	→	→	→	→			
論点4	国民をステークホルダーとした予算・事業の全面的再編成	→	→	→	→			
論点5	SDGs 早期実施、PICES 機能の強化、IWC 復帰	→	→	→	→	→	→	
論点6-1	陸川海の生態系の研究と分析・解明	→	→	→	→			
論点6-2	海洋の 2050 年までのゼロ・エミッション	→	→	→	→	→	→	→
論点7	逆土木への転換	→	→	→	→			
論点8	譲渡可能個別漁獲割当（ITQ）の早期導入	→	→					
論点9-1	水産庁から独立した新水産研究機関設置	→	→	→				
論点9-2	政府から独立した民間研究機関設置	→	→	→	→			

位目標を実現する方針を論点２から論点５としてとりまとめ、それらを実現する行動計画としての論点をまとめた。上にタイムテーブルを示した。

1. 上位目標としての論点

組織の将来目標を達成するために最も重要で上位に位置づけられる目標（上位目標 ;Superordinate Goal）、戦略（Strategy）並びに組織（Structure）として論点１を提案する。

論点１　海洋水産資源（漁業資源を含む海洋生態系）は国民共有の財産と新漁業法制度ないしは独立の法律に明記せよ。すべての国民、消費者、NGOと科学者をステークホルダー（利害関係者）として、国民全体に対してその政策の説明責任を果たせ。

日本政府（水産庁）は、漁業政策を根本から改めて、海洋資源生態系（地球温暖化対策を含む）の管理の政策に全面的に転換せよ。

2. 上位目標を実現するための手段

新法律の策定・法改正を含む行政の政策・研究政策の新たな立案、組織の再編、人事方針の変更と予算の組み換え。

論点２　省庁の垣根を越えた既存法（改正漁業法、水産基本法、漁港法、農地法、河川法、海岸法、森林法、環境影響評価法など）の自然・生態系回復・保護関連法の自然保護と海洋生態系の回復のための各法律と法律間の相互関連の見直しと、環境影響評価の確実な実行のための法制度の全面的は総レビューと大胆な改訂、必要に応じて「海洋水産資源ないし海洋生態系の国民共有化法」など新立法を行え。

論点３　現在の生産者と漁業・養殖業の生産に重点を

置いた行政と研究から、国内外の消費やマーケットに重点を移行し、かつ特定の商業種の魚種を対象とした行政と研究から、海洋生態系内の種と環境を対象とする内容に変更するため、水産庁を「海洋生態系管理庁」(仮称)、水産研究・教育機構を「海洋生態系研究機構」に組織変更する。

これまで、農林水産業に産業活動の放棄や縮小を求めてきた第2次産業重視政策から、海洋水産資源の持続的開発と保護を主体とする政府全体の政策の重心を移行すること。

論点4 水産予算でこれまで多額の予算を投じながら効果を上げなかった沿岸地区漁協とハード、漁業者への損失補填の予算から脱却し、国民共有の財産としての海洋生態系の管理を推進するためにすべての国民をステークホルダー(利害関係者)として、水産政策に関与させよ。かつ国民の関心ある事項の実施のための予算・事業に全面的に再編成せよ。

論点5 国際的合意であるSDGsの早期の実施や、北太平洋漁業資源保存条約(サンマ)では科学的根拠に基づく漁獲枠の設定をなすべきであり、国際捕鯨取締条約(IWC)に復帰し、その下での北太平洋などでの海洋生態系の解明を急げ。

3. 上位目標に対応し、政策と組織の方針を実現する行動実施計画

論点 6-1　陸川海の生態系の要素の基本的で継続的な研究と分析・解明、そしてそれら生態系の回復と強靭化に努めよ。政策と研究のベースとなる漁獲・科学データの提供と収集を義務付けよ。

論点 6-2「海洋の汚染物質、余剰熱量の排出と沿岸域の埋め立ても大気中への温暖化ガスの削減目標に倣い2050年までのゼロ・エミッション」を目標とし、具体的な行動計画に移すべきである。

論点 7　自然の生命力と持続力を活用した逆土木とNBSとEWNを推進せよ；公共・防災事業も産業、自然と環境を回復する新たな公共事業に移行せよ。

論点 8　地球環境と資源と自立経営の為にも漁業へのITQを早期に導入せよ。

論点 9-1　水産庁から独立した新水産研究体制と民間の海洋水産系のシンクタンクを早急に設立せよ。

論点 9-2　外部の独立した研究機関（シンクタンク）を設立するべきである。

エグゼクティブサマリー：最終提言

2019〜2021年度北太平洋海洋生態系と海洋秩序・外交安全保障体制に関する研究会

2022年7月

海洋生態系の回復で農林水産業、地域社会・経済の再生を

我が国の農林水産業と地方社会・経済は衰退の一途を辿っている。これらを回復・反転させるためには、既存の延長線の個所付け・短期視点の政策から、儲かる産業としての成長と環境保全と資源保護を目的とした持続可能性を実現する長期的視点の政策立案が急がれる。

本提言を包括的に政策に反映し、実行すること。提言の主要なものは以下の通り。

1. 単一魚種の政策から海洋生態系の包括管理政策の大転換を果たせ。その基礎となるべき「海洋生態系・海洋生物資源は国民共有の財産である」と法律に明記せよ。当該法律をアンブレラ法とし、漁業法、海洋基本法、環境影響評価法、河川法、森林法と農業関連法などの条文を改正せよ。

2. 上記１を踏まえ「水産庁」は「海洋生態系管理庁」に組織を変更せよ。
   地球温暖化などの政策に関して、農林水産省・水産庁、環境省、国土交通省の政策の重点を、SDGsや地球温暖化交渉と第１次産業依存の地方経済の急速な衰えを踏まえて、短期視点の政策から産業としての成長と環境保全・資源保護の長期視点の政策立案に移行せよ。

3. 旧来の「漁港基盤整備費」などの予算と肥大化した「漁業所得補償金」を水産科学調査、監視取締り・オブザーバー制度の導入と水産業のイノベーションなどの予算に振り向けること。

4. NBS（Nature Based Solution；逆土木）；自然工法を推進し地球温暖化の緩和、食料生産、水産資源の回復と新たな投資機会の創設に貢献せよ。

5. 国際条約機関・国際委員会では条約で定める科学的根拠の原則を重視せよ。国際捕鯨取締条約（ICRW；IWC）に直ちに復帰せよ。

提言は（A）日本国政府、政治家及び産業界に対する提言、（B）行政機関、農林水産省・水産庁、研究機関に

最終提言が掲げる目標のタイムスケジュール

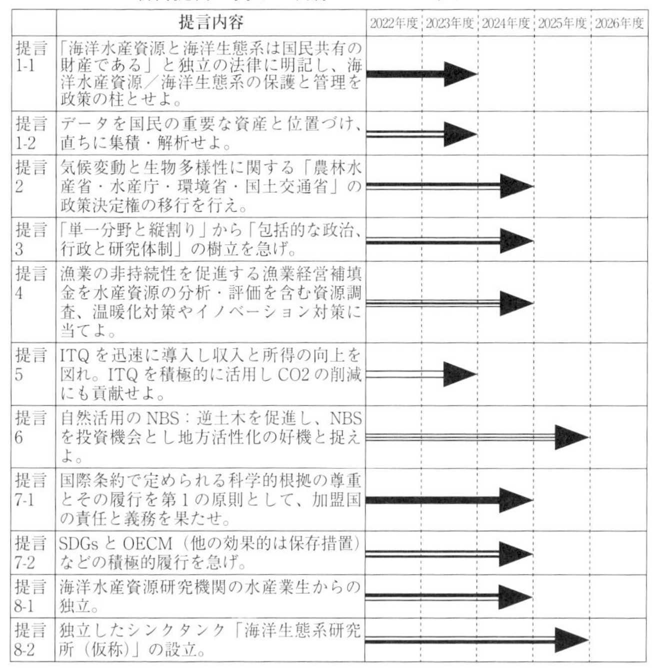

	提言内容	2022年度	2023年度	2024年度	2025年度	2026年度
提言1-1	「海洋水産資源と海洋生態系は国民共有の財産である」と独立の法律に明記し、海洋水産資源／海洋生態系の保護と管理を政策の柱とせよ。	→	→			
提言1-2	データを国民の重要な資産と位置づけ、直ちに集積・解析せよ。	→	→			
提言2	気候変動と生物多様性に関する「農林水産省・水産庁・環境省・国土交通省」の政策決定権の移行を行え。	→	→	→		
提言3	「単一分野と縦割り」から「包括的な政治、行政と研究体制」の樹立を急げ。	→	→	→		
提言4	漁業の非持続性を促進する漁業経営補填金を水産資源の分析・評価を含む資源調査、温暖化対策やイノベーション対策に当てよ。	→	→	→		
提言5	ITQを迅速に導入し収入と所得の向上を図れ。ITQを積極的に活用しCO2の削減にも貢献せよ。	→	→			
提言6	自然活用のNBS：逆土木を促進し、NBSを投資機会とし地方活性化の好機と捉えよ。	→	→	→	→	
提言7-1	国際条約で定められる科学的根拠の尊重とその履行を第1の原則として、加盟国の責任と義務を果たせ。	→	→	→		
提言7-2	SDGsとOECM（他の効果的は保存措置）などの積極的履行を急げ。	→	→	→		
提言8-1	海洋水産資源研究機関の水産業生からの独立。	→	→	→		
提言8-2	独立したシンクタンク「海洋生態系研究所（仮称）」の設立。	→	→	→	→	

対する提言である。しかし、提言の中には更なる研究と検討が必要であることに鑑み、(C) 次期の「食、生態系と土地利用研究会」の検討課題を提言後に付した。

提言 1-1（A）

「海洋水産資源と海洋生態系は国民共有の財産である」と法律（海洋水産資源・海洋生態系の国民共有の財産法（仮称））に明記し、海洋水産資源／海洋生態系の回復・保護を目標とした包括的管理を政策の柱として我が国の漁業・水産業と関連産業の迅速な復活をめざせ。

提言 1-2（A）

政府と都道府県行政は海洋水産資源と海洋生態系に関する漁獲と調査研究データを諸外国に倣い、迅速かつ緻密かつ広範に漁業者だけでなく流通・加工業者にも、その収集と提供を義務付けること。また、国は当該データが信用・信頼を得らえるものとして習得するために監視・取締りとオブザーバー制度並びにICT（Information and Communication Technology：情報通信技術）を正確に投入する。これらのデータを国民の重要な資産と位置づけ、資源管理に活用し、公開せよ。データの改ざん・不正・未報告への罰則には欧米の水準を適用する。

提言 2（A）

地球温暖化・気候変動と生物多様性に関する政策に関し、「農林水産省・水産庁、環境省、国土交通省」の政策の重点を、SDGs（Sustainable Development Goals：持続可能な開発目標）と地球温暖化交渉など国際的な動向と海洋水産資源と第1次産業依存の地方経済の急速な衰退などを踏まえて、従前の箇所付け・場当たり的な短期視点の政策対応から、産業としての成長と環境保全・資源保護育成を調和させ、それぞれの持続可能性を実現する長期視点の政策立案に移行せよ。

提言３（B）

「単一分野と縦割り」から「包括的・横断的な農林水産行政と研究体制」の樹立を急げ。

提言４（B）

水産業の持続可能性に貢献しえない旧来的予算（漁港基盤整備費など）や肥大化した漁業所得補償金などの水産予算を、海洋水産資源と海洋生態系の回復と増大のための水産科学調査、監視・取り締り・オブザーバー制度の導入と充実と水産業のイノベーションなどの水産業の経済価値を増大する予算に振り向けること。

提言５（B）

資源の管理に有効で市場ニーズの対応と経費の節減に有効なITQ（譲渡可能個別漁獲割当）の積極的かつ迅速な導入で所得の向上を図り、地球温暖化への貢献と資源の回復に活用せよ。

提言６（A）

EU、米国など国際社会の流れであるNature Based Solutions（NBS）；逆土木を、従来のコンクリート中心のプロジェクト（グレープロジェクト）に加えて、国内でも、新事業として、2023年度からモデル実証事業を推進すべき。自然活用の工法（NBS、グリーンプロジェクト）は地球温暖化の緩和や水産資源の回復、新たな投資と事業機会として地方経済にも貢献する。

提言 7-1（B）

（ただし、条件付き国際捕鯨条約への再加盟は（A））

北太平洋漁業委員会（NPFC）、中西部太平洋まぐろ類委員会（WCPFC）、国際捕鯨委員会（IWC）とワシントン条約（CITES）の国際条約では、条約で定められる科学的根拠の尊重と履行を第１の原則として行動せよ。ＩＷＣにおいては条件付き国際捕鯨条約への再加盟を果たせ。また、今後の交渉では地球温暖化などがいかなる委員会でも議題となる。技術論を超えて、大局的視点を持って交渉に臨め。

提言 7-2（B）

持続可能な開発目標（SDGs）はSDG6、14と15などの積極的な国内での実施に努め、OECM（他の効果的は保存措置）などは海洋水産資源と海洋生態系の回復と持続的利用に真に効果がある積極的履行を急げ。

提言 8-1（A）

政府内の海洋水産資源研究機関の研究体制の強化を図

れ。また、水産行政からの独立した体制にせよ

提言 8-2（A）

民間の独立したシンクタンク・専門研究機関「海洋生態系研究所（仮称）」の早急な設立を。

次期の「食、生態系と土地利用研究会」の検討課題（C）

課題 1　海洋・利用税、漁獲枠・ITQ 取引と J クレジットの検討。

課題 2　気候変動と生物多様性に関する国際サステナビリティ会計基準（ISSB）への対応

課題 3　認証機関の創設と運用・資金調達。

課題 4　国民への情報の発信と普及を。

第１章
2019 年度北太平洋海洋生態系と海洋秩序・外交安全保障体制に関する研究会第１次中間論点・提言

第1節　概要

1.「海洋水産資源」検討から日本のモデルを

本研究会は2019年4月17日に第1回会合を開催以来12回（1回は夏休み）にわたり、水産資源の管理、陸域と海域の海洋生態系の問題、国連海洋法条約、ワシントン条約と地域漁業管理機関、国際漁業交渉、気候変動と地球温暖化の影響下の水産資源（サケ・マスとイカ類）、流域開発と海岸工事並びに防災と沿岸環境の保全、海洋ガバナンスの課題と展望を議論した。

日本政府は、専門性と包括的な見識に基づき、危機に瀕する海洋水産資源の保護と管理のための機能をほとんど発揮できていない。資源管理政策の失敗、地球温暖化や陸上活動の影響を受けて刻々と変化する海洋生態系・海洋環境に対応する政策の推進、実行と科学研究が進められていないことについて、当研究会は毎回、深い憂慮を表明した。

国連海洋法条約の精神と主旨に基づく「国民共有の財産である海洋水産資源」（章末の別表参照）の問題と課題を包括的に検討し、論点整理・提起することは、極めて有益である。

日本の行政組織は、平成の統治機構改革によって内閣主導に転換され、重点政策となった際の外交や安全保障等において総合性･戦略性･迅速性が発揮される面もあったが、多くの政策領域においては、依然として、事実上、省庁の縦割りのままの対応が多く残っており、本来、あらゆる政策分野において機能すべき包括的な視点からの政策を立案し実施する体制になっていない。海洋と海洋水産資源の管理の部門も同様である。そこで、海洋水産分野の政策の遂行の問題の摘出と、それに対処する論点の摘出は、今後の他分野における改革のモデルとして貢献すると確信する。

2. 日本漁業の拡大と衰退

そもそも、我が国は、沿岸漁業国として発展したが、1910年（明治43年）に明治漁業法が成立し、日本漁業の法制度の根本が出来上がった。沿岸では漁業権を柱とした制度が出来上がり、遠洋漁業は「遠洋漁業奨励法」で朝鮮海域、ロシア海域や太平洋海域へ進出した。第2次世界大戦前に世界展開して､戦後も世界に海域を広げ、その後1970年代半ばに遠洋漁業は最盛期を迎えた。この間、我が国200カイリ内の沖合漁業はイワシとサバ類の漁獲が増大し、沿岸漁業と養殖業も漁業技術の近代化や漁船の大型化で漁獲が1980年代まで増加した。

その結果、日本は1974年から1988年まで漁獲量が

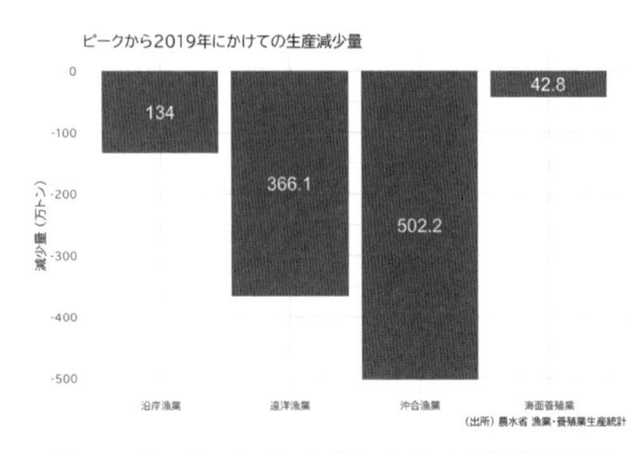

図１　ピークから2019年にかけての生産減少量

1,000万トンを超えた世界第1位の漁業・水産業大国であった。そして、日本人の摂取する動物性たんぱく質の大半が魚介類からの供給であった。すなわち漁業大国であり、魚食大国であった。それが1991年から急速に漁獲量が減少した。水産基本法が制定（2001年）された年には612.6万トン、第１次水産基本計画が策定された2002年は588.0万トンの漁獲量があったが、2019年では漁獲量416.3万トンと前年から25.8万トン（5.8％）減少した。世界の養殖業が拡大を続けるのに、日本の養殖業は91.2万トンで9.2％の減少（2019年）である。主要漁業国では日本のみが大幅減少している。

日本の漁業・水産業の抱える問題と課題は、ますます深刻で、抜本的な水産改革と漁業制度改革は国民的な緊急の課題である。世界が新資源管理として導入した科学的根拠に基づくTAC（総漁獲可能量）とITQ（譲渡性個別割当）制度を導入することが、日本にとって急務であるが、全くなされていない。さらに、世界は海洋生態系を踏まえた管理に移行している。我が国も、この新たな視点である海洋生態系アプローチに向かう必要に迫られている。

3. 食を提供する水産業

現在の経済活動全体から見れば、水産業は日本の全GDPのわずか0.1％である。しかし、この分野も漁業による水産物を生産してから流通し加工し、そして豊洲市場などの水産物卸売市場、スーパーマーケット、小売店、すし屋並びに食堂など消費されるまで多方面にわたり広範囲かつ専門的なかかわりを有する分野である。食と日々の暮らしと命を支える。漁船、漁労技術、冷凍・冷蔵技術、輸送・コールドチェーン、ICT（情報通信技術；Information and Communication Technology）の広範な産業の隆盛、資源管理ひいては国土の保全に直結している。それだけに、この分野の議論の中で提出される問題点と課題とそれらに対する改革のための本研究会の論点は、国家の他の分野の改革モデルとして有用であると考える。

4. 日本国家の構造改革に貢献を期待

日本政府の抱える問題は、コロナウイルス感染症対策でも露呈された。諸外国に比べ感染の実態を掴まず、強制力のない施策が政府から国民に要請された。PCR（ポリメラーゼ連鎖反応：Polymerase Chain Reaction）検査・抗体検査等の科学的根拠と説明の具体的根拠が不足した。並びに、内部の各会合の議事録の非公開などにみられる情報開示の不足は国民の不信感を生んだ。

このような問題は海洋水産資源の管理政策の分野でも著しい。すなわち、海洋水産分野の対策においても、政府が中心となって、専門家集団がその意思と政策決定に参画しながら、目的と機能を果たさなければならない。しかし、そうはなっていない。研究会は、毎回、その目的と機能不全への懸念と憂慮をもって具体的に議論し、検討した。従って、海洋水産分野の例を基に日本国家の大局的な構造改革に貢献することを真に期待して、以下の通り、研究会としての中間論点として提示する。

第２節　海洋水産資源の問題と課題の多様化

1. 旧態依然の環境下で機能不全に陥る水産政治・行政・研究・業界

(1) 海洋水産資源のステークホルダーは漁業者から国民へ

1982年「国連海洋法条約」の精神と主旨に則れば「海洋水産資源は国民共有の財産」である。ノルウェーやアイスランドや西豪州やアラスカ州など憲法や漁業法など国内法や州法によって、「海洋水産資源は国民・州民の財産」と定めている。日本政府も国連海洋法条約を批准した。1996年には実施法である「海洋生物資源の保存と管理に関する法律」にその旨を外国諸国のように明記すべきであったが、そう明記されていない。

水産行政は、海洋水産資源の管理の主体として、命を支える食と日々の暮らし、ひいては国土の保全までを包含し、これに関わる管理政策の企画・立案をして、様々なステークホルダーとの対話を重ね、国家としての政策を定めていくべきである。すなわち全国民と消費者がステークホルダーであるが、実際の行政からはそのような対応を受けていない。

こうしている間にも、水産物の自給率（食用）は重量ベースで59%まで低下した。肉類と魚介類の消費量は2011年に逆転し、現在では肉類が上回っている。最近のコロナウイルス騒動で肉類の消費は増大し魚介類の消費はさらに低下した。

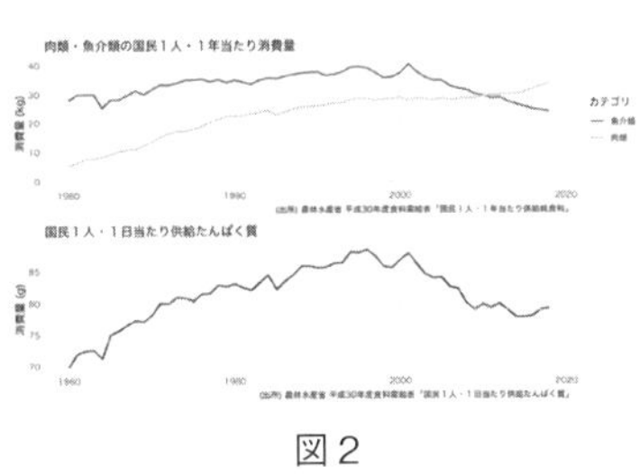

図2

スーパーマーケット向けとテイクアウトと宅配は安定化した。外食の消費が多い高級な食材を中心に、水産物の消費はコロナウイルス感染症の終息後も減退のままであると見られる（図2）。

(2) 狭いステークホルダー

本来、海洋生態系の保全に関わるステークホルダーはきわめて多岐に及ぶ。川上の資源の多様性や保全からはじまり、これを漁獲する漁業関係者、そのバックヤード、さらには加工事業者、流通、そして消費者におよぶ。さらには、将来世代の視点も忘れてはならない。これにも関わらず、現在のこれらの政策に関わるステークホルダーは、水産行政、研究、水産系の議員と漁業界の狭い範囲に限られる。政策、行政対応と政治は縦割りの域を出ずに、自らにとっての短期的な我田引水型の発想から抜け出ることができていない。これは政治では次期選挙が最大関心事であることと役人では２年程度の短かすぎる任期が原因である。実際、執行される政策も補助金多用型、旧来の漁協団体経由型である。その結果、中長期の政策に欠け、外国と国際

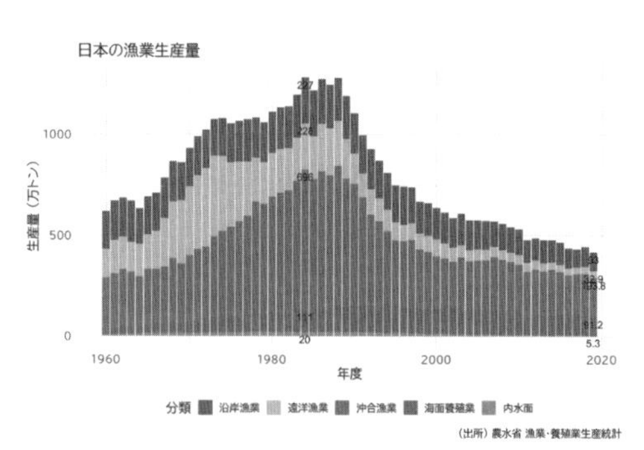

図３　日本の漁業生産量

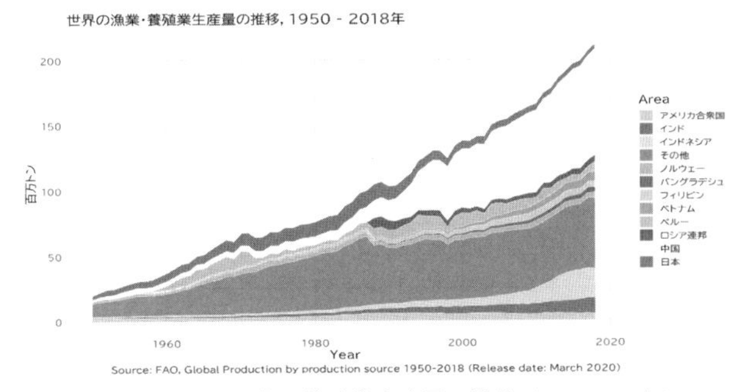

図４　世界の漁業・養殖業生産量の推移（1950-2018 年）

主要国の漁業，養殖業の生産量，2018年

漁業・養殖業生産量 合計（2018年，万トン）

地域	生産量
中国	8,097
インドネシア	2,203
インド	1,241
ベトナム	750
ペルー	731
ロシア連邦	532
アメリカ合衆国	523
フィリピン	436
バングラデシュ	428
日本	**424**
ノルウェー	401
その他	5,425
Total	21,191

Source: FAO

漁業生産量（2018年，万トン）

地域	生産量
中国	1,483
インドネシア	726
ペルー	721
インド	534
ロシア連邦	512
アメリカ合衆国	476
ベトナム	335
日本	**321**
ノルウェー	266
チリ	237
フィリピン	205
その他	3,925
Total	9,240

Source: FAO

養殖業生産量（2018年，万トン）

地域	生産量
中国	6,614
インドネシア	1,477
インド	707
ベトナム	415
バングラデシュ	241
フィリピン	230
大韓民国	228
エジプト	156
ノルウェー	136
チリ	129
ビルマ	113
日本	**103**
その他	1,005
Total	11,554

Source: FAO

図５　主要国の漁業・養殖業の生産量（2018 年）

機関の動きや国内の他産業や消費者の動向、他省庁と民間の動向も反映しない旧態の事業が続いている。この状況で 1984 年以降では 650 万トン以上、2001 年以降では 230 万トン以上の漁獲量を我が国は、200 カイリ排他的経済水域内で失った。さらに 2019 年の漁獲量も大幅に減少し、一層、漁業は悪化した。

世界の漁業・養殖業生産量は急速に拡大し２億 1,200 万トン（2018 年）に達した。また養殖業生産量が天然の漁業生産量を上回っている（図 4､5）。さて、日本の場合、政治、行政、科学（大学と試験研究機関）と業界団体と産業界がもたれ合いながら、中長期的な管理戦略・政策を立案し実行するということがなかった。

海洋水産政策の基本である科学的根拠に基づく海洋水産資源管理が、単一魚種管理の域を出ず、漁業種類ごとの管理のインプット・コントロール中心の旧来の手法にとどまり、アウトプット・コントロールの手法を導入せず、世界の漁業先進国から遅れた。さらには、先進国から学ぶ韓国や中国、東南アジア諸国やアフリカ諸国、南米諸国からも日本は大幅に遅れている。そして経営と資源が悪化しても、それを漁業者への補助金と所得補償の提供でしのぐ当座対応が、問題の悪化に拍車をかけている。

(3) 多様化する海洋水産資源の問題

海洋水産資源の問題には、海洋生態系劣化と破壊（沿岸域での良好な漁場と繁殖・生育場の上に建設される堤防・土木建設工事）の問題がある。海洋生態系は、陸上の生態系と海水温の上昇などの地球温暖化の影響を受ける。また、沿岸域の生物多様性と隣接する沖合域の海洋生態系と生物資源は鉱工業、農業・畜産業と工業・港湾と都市生活の陸上活動から影響を受ける。例えば、河川とつながりが深いサケ・マスの回遊量の減少やウナギやアユの生息量や漁獲量の減少に加えて、産卵域が河口域に近いサクラエビやハタハタの漁獲量減少が観察される。また、漁業だけでなく、養殖業への影響も著しい。水温上昇による病気発生、栄養と成長不足並びに商品価値の低下である。また、最近、三陸では、マヒ性貝毒の発生による出荷の制限が頻繁に生じている。

2. 生態系管理に即さぬ現法制度を改変へ

このような衰退の原因は明らかで、現在の漁業法制度ないしは行政的組織と予算制度のインフラが時代と環境に即しておらず、機能していない。

①第一に漁業法制度が「海洋水産資源は国民共有の財産である」との考えに立脚していない。政府と都道府県は、国民共有の財産であればこそ、全国民にわかりやすく説明可能な共通言語である科学を活用し、科学的に管理することが可能となる。しかし、漁業者の調整と漁場という場の管理を主体とした漁業権を柱とする法制度「明治漁業法制度の流れをくむ現在の漁業法制度」が旧態である。

②科学的管理を行う場合の必要十分条件である漁獲データの収集が全くなされていない。データ収集の義務化に漁業者団体が反対し、それを行政と与党である自民党水産部会が是認している。大臣許可漁業と法定知事許可漁業と知事許可漁業でも、このことが当てはまる。漁

獲データの収集と提出を漁業者が自ら行わず、漁協の職員の第三者に作成させ提出データの検証（Validation）も行われていない。

③また、漁獲成績報告書の提出が義務付けられている農林水産大臣指定漁業や都道府県知事許可漁業でも、漁獲成績報告書の作成のデジタル化が進んでいない。デジタル化は、様々な形での迅速な情報収集と処理加工を可能とする。それらのデータを小規模な漁業者である沿岸漁業者も含むすべての漁業者から徴収・収集することによって、漁業の全体像を迅速かつ的確に把握することが可能となる。現代社会では海の中や網の中はもとより、サプライチェーン、さらには、消費者の嗜好や動向を踏まえ、水産物の全流通を把握し、それに依拠する漁業管理手段（漁業資源評価に基づく）を繰り出すことができる（政府のデジタル・トランスフォーメーション）。

諸外国では生産から流通と消費までのフードチェーンの全工程でのデータ収集とデジタル化がなされる。デジタル化に必要なハード（タブレットなど）やソフトの整備が必要である。

④基本である漁獲データがない状況では、漁業資源管理の基本であるABC（生物学的許容漁獲量）、TAC（総漁獲可能量）が算定されず、ましてや、それらに基づい

て制度設計が必要なITQ（譲渡可能個別割当）の導入ができる素地もない。デジタル化ができれば、２年遅れの漁業資源評価が１年遅れで実施可能となり、資源評価の精度と信頼性が高まる。

⑤データの検証と確定に必要なオブザーバーの漁船乗船と漁港と産地と消費地市場での駐在、取締りとモニターも日本ではなされていない。韓国、米国、英国とニュージーランド（NZ）等に対して、後塵を拝する。

さらに、漁業と車の両輪をなす水産加工業は、漁業を補完・支援する産業として極めて重要な地位にある。水産物流通業と同様に、水産行政の中で適切に顧みられることが少ない。生産から、拠点流通を経て消費の観点で水産行政が包括的に取り込まれたこともない。欧米の漁業と流通・加工業の対策からの遅れが顕著である。

⑥水産行政は沿岸漁業対策に偏重し、水産加工業の予算は10～20億円（全体の水産予算が3,100億円）にとどまる。また水産加工業の衰退は、漁業の衰退への拍車になっている。水産加工業は、総生産規模が漁業生産の1.5倍に達するものの、水産行政では水産加工業の振興、貿易の安全指導や原料調達といった必要な対策が取れる体制になっていない。水産加工の対策は漁業者と漁協による加工対策に終始し、純粋な本業の水産加工業者のため

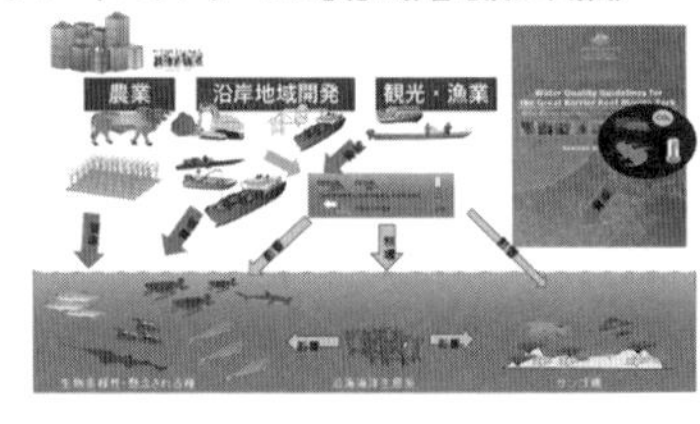

図６　グレートバリアリーフの悪化に影響を及ぼす活動
（豪グレートバリアリーフ海洋公園局Audas研究員の提供資料を翻訳作成）

の加工の予算にはなっていない。

海洋生態系の管理で重要なのは、漁獲・混獲データや生息域（ハビタット）に関する海洋生態系関連データである。沿岸域、河口域や湾内の生物・漁業情報は非常に貴重なデータであるが、主たる行政庁である水産庁と都道府県水産課は、このような沿岸域の生物や生態系と漁業に関するデータを収集してこなかった。また、現在収集している海洋定点調査データも予算の縮減で削減される。そのような状況では、沿岸域での水産資源管理と海洋生態系の管理に効果的な対策が取れない。沿岸と沖合漁業でもTAC対象魚種の管理とデータの収集は義務的に行っていても、海洋生態系アプローチのために有効な混獲魚種の漁獲データや生息域（ハビタット）情報の収集はおろそかになっている。

3. 海洋生態系に基づく漁業管理（Ecosystem-based Fisheries Management）へ

①科学的な海洋水産資源管理制度の導入と実施が諸外

国に比べて大きく遅れた結果、資源と漁業の崩壊のリスクが高まっている。世界でその有用性と効果が示された個別譲渡可能漁獲割当（ITQ；Individual Transferable Quota）制度は全く導入されていない。漁業先進国でこのような国は日本以外にない。個別漁獲割当（IQ；Individual Quota）制度についてもほとんど導入されず、新潟県の甘えびと自主的な北部太平洋まき網漁業のケース他を除き導入されていない。ITQは水産資源の管理だけでなく、西豪州のロブスターの産卵期の保護など海洋生態系の管理にも有効である例が示される（米連邦政府のキャッチシェアの目的化と豪州連邦政府と西豪州政府；水生資源管理法の導入の例）。

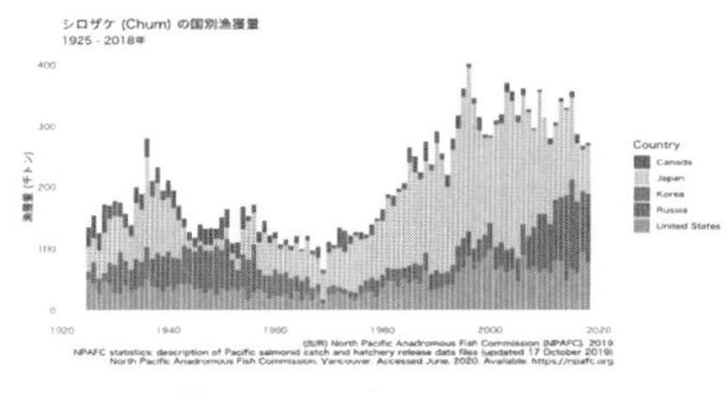

図７　シロザケ(Chum)の国別漁獲量(1925-2018年)
（資料；北太平洋遡河性魚類漁業委員会〈NPAFC〉漁獲データから小松正之作成。ただし1920年代以降1980年代の日本の漁獲量に沖獲り漁獲量を含む）

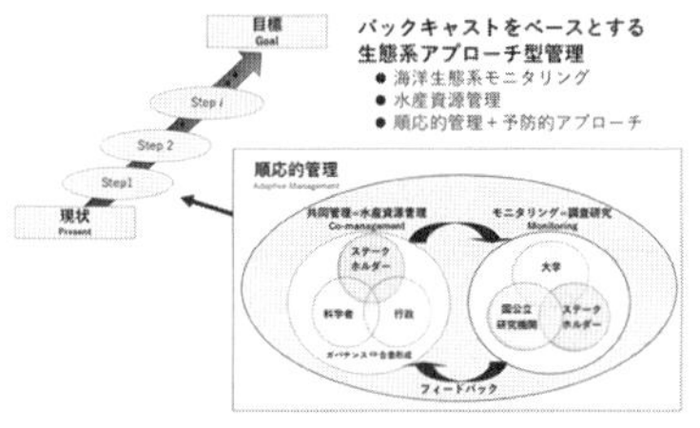

図８　バックキャストをベースとする生態系アプローチ型管理
（資料；日本学術会議　食料科学委員会　水産学分科会「我が国における持続可能な水産業のありかた。」―生態系管理に基づく資源管理― 2017年８月から抜粋）

図９
（資料：米スミソニアン環境研究所 Dennis Whigham 博士 2019 年 9 月の陸前高田市でのプレゼンテーション資料を翻訳）

②サケ・マスの回帰の減少は孵化放流事業の単純な繰り返しによる遺伝子の劣化、自然産卵の排除と産卵河川床の劣化・喪失が原因にあげられる。その結果、サケ・マスの遡上と回帰が減少している。2020 年においてもサケ・マスの回帰量は横ばいか減少が予測される。

③スルメイカは、産卵水域の水温の変化や資源変動並びに隣国の漁業の把握と規制が不十分で、資源の急速な減少を招いている。スルメイカの秋生まれ群（日本海系群）と冬生まれ群（太平洋系群）は、それぞれの系群の回遊経路と操業時期・海域が異なること（秋生まれ群：主に日本海、漁期は春から秋、冬生まれ群：主に太平洋から日本海へと日本列島を一周する回遊、漁期は秋から冬）を配慮して系群ごとに ABC を設定している。しかし、それぞれの資源の系統群が異なることを無視して、漁業の操業上の利便性のみを配慮して日本全域を対象とする TAC を設定している。

日本海を主に回遊する秋生まれ群は、隣国の経済水域にも回遊し、例えば北朝鮮海域では漁業権を得ている中国船（主にIUU漁船）の過剰漁獲、北朝鮮の漁船の越境操業が問題となっている。こうした隣国の経済水域にも回遊する「またがり資源」の管理と持続的利用を目指す東アジアの地域漁業管理機関は設立もされていない。日本と韓国が漁業分野と貿易の分野を巡って対立し、会合も開催されない。

④陸上の開発による海洋生態系の崩壊、破壊と劣化が進行している。東日本大震災後、防災を目的にして陸域のかさ上げ、森林と河川床からの土砂の採掘と海岸と沿岸ラインの埋め立てがみられる。米国政府NOAA（米国国家海洋大気庁）は海岸線をハード化した場合、全面の生物層が大きく減退･減少すると警告している（NOAA「Impact of Hardened Shorelines on Aquatic Resource」2017年4月21日）。

⑤ダムと河川と沿岸域の関係の研究と行政連携が不十分である。ダムの治水、発電、防災や飲料水と農業用水供給の機能を持ってダム建設をした結果、河川流域と沿岸の生態系に配慮していないケースが多い。河川は利水と治水と防災としては見ても、フラッドプレイン（氾濫源）と生態系の維持の考えは、浸透していない。また、海岸・沿岸域とダムと河川が一体となった影響評価がない。また、海岸の工事も海からの線としての概念で行っ

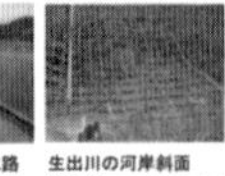

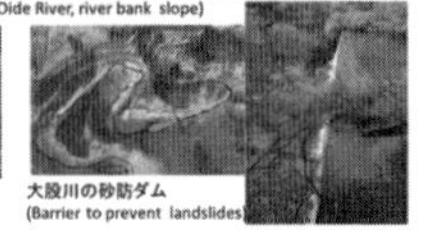

図 10
（資料；2016 年度気仙川・広田湾総合基本調査報告書；望月賢二博士資料・堀口昭蔵氏撮影他から）

ており、陸域と海域をつなぐ連続する生態系を有する干潟や湿地帯と見なす概念はない。例えば、東日本大震災後の堤防工事は防災目的を定めたが、生態系保護の視点が不足した。

海岸行政も水産行政も、もともとはその場（海岸、漁場）やたずさわる人々（住民、漁業者や加工業者）を守るための法律を整備し、運用してゆくはずが，現場レベルではそのための構造物を守ることに矮小化されている。目的を達成するための手段が目的化している。海岸保全や漁場保全という当初理念に立ち返れば、今の構造物を放棄する新たな方策もある。

⑥国土交通省の河川局と水産庁の漁港部とそれに付帯する各都道府県の土木建設部局は機能・場所別に対応しているので、河川・沿岸域の環境の包括的管理・保全と防災の包括的目的と目標（国土保全、環境保護、産業振興、観光、学術研究、社会生活基盤・快適アメニティーと防災）の設定に乏しい。河川行政も水産行政も明治期と戦後直

後の行政から根本的に変わっていない。

⑦内閣主導の下、総理大臣を本部長とし、担当相を副本部長とする総合海洋政策本部は、その機能を十分に果たしているとは言い難い現状にある。また、その設置根拠法である海洋基本法と水産政策の根幹となる水産基本法、海洋基本計画と水産基本計画は統一と包括的検討がない。各分野のパッチ･ワークの積み重ねになっている。海洋基本計画では水産政策については、水産庁から提供されたものをそのまま受け入れており、本来なされるべき、総合海洋政策本部としての包括的、総合的な議論と検証がなされていない。また、総合討論を目的とした総合海洋政策本部参与会議の検討も形骸化し、全体の統制･総合調整（統治機構改革；プーリング型総合調整）の役割を果たしていない。広く国民に意見を聞くこともなされている形跡もない。現在交渉中のBBNJ（国家管轄権外区域における海洋生物多様性）の保全と持続可能な利用を促進するための条約交渉は従前の国際交渉と異なり非公式会合とNGOとアカデミアの重要性が増す。ここでも戦略的外交の方針を提示できていない。「ノルウェーも日本も漁業国・水産国としての存在感がない」（2020年3月2日ノルウェー漁業総局法務部長）。

⑧米国やEUを含む欧州では行政庁が率先して、自然

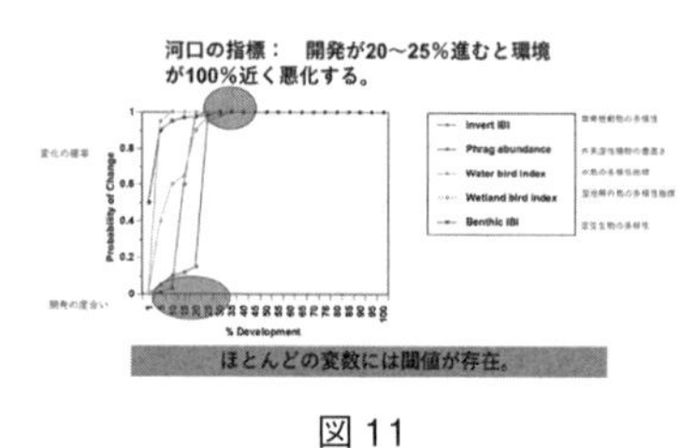

図11
（資料；米スミソニアン環境研究所 Dennis Whigham 博士 2019年9月の陸前高田市でのプレゼンテーション資料を翻訳）

の持つ防災力と自然再生力を活用したコンクリートとの混在で防災と産業振興を目的とした土木である「Nature Based Solution, Building With Nature ないし Engineering With Nature」を次第に活用してきている。

⑨人間の経済活動により陸上の生態系も海洋の生態系も大幅に変わり、これからも変わるとの認識が必要である。陸域を3%開発しただけでも大きく海域・沿岸域は影響を受ける（スミソニアン環境研究所）。このために前述の Nature Based Solution などが欧米では年々、政府の事業としても、米メリーランド州政府やアナポリス市事業としても、民間の地域住民の共同の事業としても取り上げられた。欧州でもライン川沿いで、オランダの分水嶺委員会の事業として実行されてきた。我が国でも、きわめて小規模ながら行われている。東日本大震災後の気仙沼の舞根海岸では河岸堤防を除去し湿地帯と河川を結び、大谷海岸では堤防建設を大幅修正し、また、陸前高田市では米国スミソニアン環境研究所を招致して湿地帯造成計画を検討している（2019年度広田湾・気仙川報

告書；陸前高田市委託事業「一般社団法人生態系総合研究所」)。

4. 包括的（ホリスティック）アプローチ

①行政機関、研究機関にそれぞれの専門性の分野に十分な知見と知識を備え包括的（ホリスティックな）業務をこなし、企画・立案できる人材が不足している。上述の海洋生態系の問題への対応には、科学分野や行政分野での専門性の他に、海洋生態系と水産に関して包括的な専門知識と経験が要求される。しかし現在では、科学者と行政官の双方とも専門的な狭い研究と行政範囲にとどまっている。広い見識を提供するトレーニングと経験を積む場が必要である。

②政策決定を担う政治家の情報収集の範囲が狭いことも懸念される。与野党を問わず、多くの政治家の情報ソースが水産庁を中心とする省庁に依存する。水産資源管理に関係する多様なステークホルダー、また、立場や意見の異なる者・機関の意見を幅広く聞く機会がなく、情報の範囲を狭めている。国民から水産資源管理に関して広く意見を聞いていない。

③水産資源管理こそ、与党の自民党において従来の部会や調査会を越えて意見を聴取する他に、水産部会と

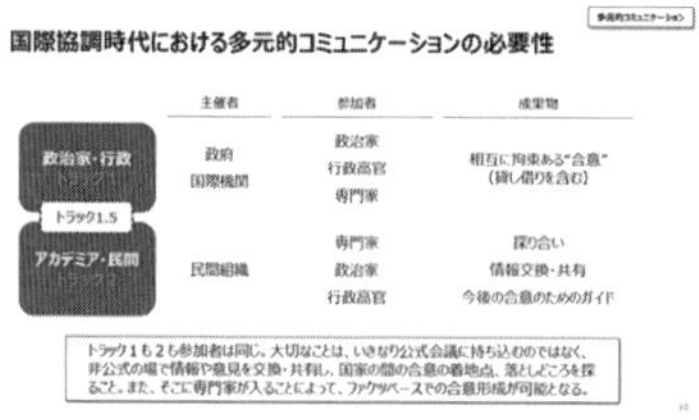

図12　国際協調時代における多元的コミュニケーションの必要性
（資料；亀井善太郎「統治機構と水産資源保護政策」〈2020年2月28日〉より抜粋）

消費者・環境関連の合同のプロジェクトチームが組織されるべきであろうが、そうした動きは見えてこない。現状施策肯定・過去の延長行政の水産庁のレクチャーを聴取し、全漁連他の補助金の提供要望に応えるにとどまっている。海洋水産資源管理のステークホルダーは国民全般であるにもかかわらず、肝心の消費者や幅広い産業関係者、国民と消費者に対する情報提供と開示が不足する。また、国民へ説明責任が果たされていない。

（ア）2019年の日本経済調査協議会・第2次水産業改革委員会の提言は、水産分野における科学機関・大学・NGOや民間シンクタンクからの専門的助言（トラック2）にあたり、政府・政治・行政の意思決定機関（トラック1）に対して影響を及ぼした（水産会社・流通関係者及び水産庁OBからの聞き取りの結果）。水産分野の包括的な制度問題の改革提言に対し、自民党の検討や政府の漁業法の改正は、ごく一部を取り上げたが、根本的かつ包括的な取り組みは全くなされていない。運用は現状のままである。5月29日、自民党水産総合調査会・沿岸漁業振興検討ワーキングチームの拡大水産役員会が現状の基本ラインは維持することで合意し、漁業衰退の根本的な原因究明と是正を実行する意図がない。

（イ）コロナウイルス感染症対策でいわゆる所得補償である漁業共済金の掛け金を免除しても受け取ることができる補助金を配ることを基本としているが、これは問題の先送りに他ならず、根本的な問題をさらに深刻化させる。また、3,200億円に達した水産予算の70％程度は漁業補償やセーフティネットの予算で、イノベーションや資源回復の研究のための科学予算や研究所の充実のための予算は減少している。

（ウ）包括的な内容の日経調の提言を実施・実行することが緊要である。漁業の関係者だけでは解決できないことは明らかであり、「海洋水産資源は国民共有の財産である」との基本認識で広く国民総がかりで取り組むべきである。

5. 失敗の連続の水産外交

①一部期間を除き最近の水産外交は、失敗の連続である（国際政治学者）。科学と各国の動向を踏まえた交渉もしない単純な前例踏襲主義で、日本国の主体性もなく、科学的根拠に沿わない交渉（絶滅のおそれのある野生動植物の種の国際取引に関する条約；ワシントン条約、中西部太平洋クロマグロ、カツオや北太平洋サンマの資源管理交

渉）では失敗している。

2018年の国際捕鯨委員会ブラジル総会での単純過半数での捕鯨再開提案（条約では４分の３の多数が必要）は国際交渉のルールに沿わない提案であったが、これが採択されないと日本は脱退に走った。不足する交渉力と浅い経験が交渉の準備不足と状況判断の誤りを招いた。2014年には、「日本は優位であり勝訴する」と油断してこれらを公にした南極海の調査捕鯨に関する国際司法裁判所を舞台にした訴訟で敗訴、さらにWTOを舞台にした韓国との水産物輸入禁止措置を不当とした紛争処理小委員会（パネル）でも敗れた。敗北後は口をつぐんで敗因のレビューや国際司法裁判所への抗議もしない（2審制は取っていないが、判決に対する意見は提出するべき）。これでは世界からも尊敬されない。

②北太平洋漁業委員会では、国際条約の交渉プロセスと結果の情報や漁獲データも公表しない。北太平洋漁業委員会、国際捕鯨委員会と中西部太平洋まぐろ類委員会の北小委員会では国内に国際交渉を支えるためのシンクタンクに相当するトラック２も全くない。また、定期的に水産業界や消費者団体とNGOなどから意見を聴取することが重要であるが、それすら行われていない。現場から漁業者と水産業界並びに関係する国民からの情報や直接得た漁獲･科学データ分析と科学評価を主体として、

交渉に当っていない。この交渉の姿勢が敗北の原因である。

6. 平成の統治機構改革と海洋水産資源の政策

①平成の統治機構改革（PHP総研『統治機構改革 1.5 & 2.0』報告書）によって、省庁主導から内閣主導への転換が進み、政治家が上位となる傾向が多くの政治の場面で見られる。一般的にはLegitimacy（正統性）が強まり、Rightness（正当性）が弱まる傾向にある。水産分野においては、重点政策としての認識が希薄であるため、Legitimacyの発揮はできず、官邸に専門性を持った者が不在で、政治のリーダーシップによる水産改革を行っていない。また、Rightnessの低下は深刻で、高い専門性を持った官僚を排除し、研究所では有為な人材が数多く大学に転出したこと、将来の有望な人材が加入しなくなったこと、また、国内現場との交流も低下したこと等から官僚機構と科学機関の専門性の低下が顕著化している。さらには、長年、自民党においては政策に関与することでRightnessを支えてきた族議員の存在感も水産業の地位低下とともに弱まり、現場からの情報不足、新人議員の水産への関心の低下などで、さらに存在感は弱まっている。

しかしながら、一部に改善の動きも見られる。既存の水産族とは言えない議員が、内閣に働きかけ、漁業法改正を仕掛けた。こうした動きをさらに強化して、本来の幅広い見地から政治を動かす政治家の機能の発揮が今後も期待されるところである。

② Rightnessを担うべき官僚機構の専門性の著しい低下は、根本的な問題である。水産行政は多面にわたる範囲を担当しているが、その範囲をカバーする専門家である行政官を採用・育成できていない。これは国家公務員の人事制度、採用試験制度の問題でもある。すなわち経済・経営学、数理統計学、生態学、海洋生物学に加えて水産法制度と国際海洋法・海事法や環境生態学並びに英語力・国際交渉力の専門性が必要である。研究機関にも同様のことが当てはまる。さらには、その実態把握や分析といった学術面で後ろ盾にもなりうる研究機関は独立性が低く、行政依存が強く、単独で力不足である。

③研究機関と大学の問題点は、独立行政法人化である。独立行政法人によって行政庁の管理と関与が強まったとする評価と意見が多い。予算面では、基本的に事業費が毎年5%の削減で、管理費も年3%の削減である。削減分を、民間等から確保するべきとの国の方針であるが、現実には、民間からの拠出は見られない。事業規模が結果的に年々縮小する。または、予算の潤沢な部署の研究事業に他の事業の予算の流用が見られる。また、予算

を拠出する文科省や農林水産省からの人事派遣・出向が大学や研究機関の人事上の資格要件を満たさずに行われて、独立行政法人の脆弱化が進む。

水産資源保護の推進の観点から見た現在の統治機構の課題

水産資源保護に本来求められるもの	現在の統治機構の成果と課題を踏まえた評価
● Holisticなアプローチ - 人に見立てれば、個々の部位ではなく、全人的に見る - 多様なステークホルダーを巻き込み、利害調整を進める - 短期ではなく長期の視点	● 国民の選択をベースにした内閣主導は総合性、戦略性、迅速性に優れ、Holisticアプローチは可能だが、課題認識に至らず - 内閣の政策課題にできていない - 官邸での本部会合は年一回で、海洋担当相も機能せず - 各省のボトムアップのホチキス留めにとどまる - サポートすべき党も水産部会単体で長期の取組みなし
● 科学的な分析に基づいた政策立案・評価 - これもHolisticである必要	● 内閣主導によってLegitimacyは強まり、本来、官僚機構が担うべきRightnessは軽んじられる傾向（専門性は著しく低下） - 組織風土改革としてEBPMを推進するもまだまだ
● 戦略的な外交の積み重ねによる多国間強調の枠組み - 課題認識→方策の合意→モニタリング→評価サイクル	● 政策課題として認識できていないので、受け身の対応にとどまる - 他国から言われての対応なので後手後手 - 本来、TPPのような一元的な対応で臨むべきだが・・・

図 13　水産資源保護の推進の観点から見た現在の統治機構の課題
（資料：亀井善太郎「統治機構と水産資源保護政策」〈2020 年 2 月 28 日〉より抜粋）

④都道府県の試験研究機関は、国の TAC 対象種の科学調査に事業のほとんどが取られ、国の調査の下請け機関となり、人材と予算が乏しく、沿岸域の重要調査と地元の固有の調査もできない。また、行政との人事の乗り入れで、２年程度で人事異動が行われ、研究機関の独立性がなく、かつ落ち着いた基礎研究ができない。北海道では、農業系と合わせ独立法人化し、予算の削減と研究の自由度の喪失が一段と進んでいる。

⑤官邸主導型の人事が役人の職能の委縮を招いたとされるが、一方で、国家公務員は分限処分以外で処分されることはない。発言の自由を保障されるが、これが公務員にとっては、積極的に仕事をこなさなくてもマイナスにならないので消極的姿勢を深める。国家公務員と地方公務員の人事が昇進の一方通行であり、一度、上昇が阻

害され降格すると再起は難しい。再起を制度的に担保していない現行人事制度は自由で建設的な意見を阻む要素がある。

一方、水産行政は、内閣主導が十分に機能しない中、依然として官僚が主導権を握る。今回の漁業法改正作業では、実質的に初めて技官が水産庁長官に就き、その任に当たった。しかし、改革が必要とされる時に、国際感覚と科学管理に経験が浅く、漁業調整と漁業権運用の長期経験者の任命が適切であったかどうか、内部からも疑問視された。

7.「海洋水産政策経済研究所（仮称）」の設立を

①長期的、専門的な調査・分析を行うものとして日経調・第2次水産業改革委員会の提言がある。その提言7の5）において「海洋水産政策経済研究所（仮称）の設立」が提言された。国内には農林水産政策研究所や笹川平和財団　海洋政策研究所など多数存在するが、これらはいずれも研究対象が前者は農業に特化しており、また後者は船舶の安全航行や海上労働の安全基準他が研究対象で海洋水産政策を主たる研究の対象とはしていない。同提言は、今後の海洋水産政策と経済、海域の利活用と管理などを調査・研究する政府に代わり、また補填して政策の基本を検討し、政策・経済経営の評価と提言を行う機関として「海洋水産政策経済研究所（仮称）」設立を求

めている。

②提言７の２）では「新水産基本法で将来の水産業のビジョンを定めること」も提言している。現行の水産基本法は沿岸漁業等振興法の焼き直しで、かつ農業基本法を技術的な法建てで参考にしている。すなわち、従前の沿岸漁業の振興対策から表向きは漁業部門に加え流通・加工も対策としているが、水産庁の具体的政策と対策は、それからは程遠い。真に水産業の基本的な政策と将来像を定めるものとはなっていない。海洋生態系への着目点また農業と畜産業との関係かつ陸上の土地利用を含め、真に水産業の全体像を包括的かつ具体的に描き、国民に提示することが急務である。

日経調　第２次水産業改革委員会　最終報告（提言）＝新たな制度・システムの骨子

□提言１：国連海洋法条約の精神と主旨を踏まえ、海洋と水産資源は国民共有の財産であることを新たな漁業・水産業の制度・システム（漁業関連法制度）の基本理念として明示すること

□提言２：水産資源の持続的利活用の基本原則は、資源評価による科学的根拠に基づき行われるべきことを明確にし、その典型事案としてクロマグロやスケトウダラなど悪化している資源の回復に具体的かつ可及的速やかに取り組むこと

□提言３：非公的機関である漁業協同組合が国民共有の財産である水産資源を管理することを許容する漁業権を廃止し、すべての漁業・養殖業に国際的な規範と実例に則した許可制度を導入すること

□提言４：資源回復や経営強化に有効な個別譲渡可能割当（ITQ）方式を導入することにより、過剰漁獲能力の早急な削減を図るとともに、収益を向上させ、漁業経営を持続可能な自立できる経営体質とし、補助金からの脱却を図ること

□提言５：国連の持続可能な開発目標（SDGs）の実行など国際社会の合意や理念を反映した国内政策を講ずるとともに、国際漁業条約の枠組みを尊重した外交を展開すること
また、水産資源及び環境の保全と持続的利活用に関する消費者マインドの確立政策を講ずるとともに、その一環として必要な消費者教育と啓発、資源管理を基本とする適切な国際認証制度を導入すること

□提言６：戦後一貫して続く沿岸漁業対策とハード・施設整備中心の水産予算配分から、資源管理、科学調査研究、加工・流通、消費者への教育・啓発活動に対する支援など現代のニーズに則した予算配分に大胆に転換するとともに、この関係の予算を飛躍的に拡充すること

□提言７：旧明治漁業法の残滓（し）を引きずる現行漁業法制度を廃止し、海洋と水産資源は国民共有の財産であるとの基本理念のもと、新漁業法、新水産基本法、新養殖業法及びスポーツ・フィッシング法（新遊漁法）などを可及的速やかに制定するとともに、水産政策確立のための包括的・総合的な体制の整備を含め、新たな制度・システムを構築すること

図14
（資料：日本経済調査協議会　第２次水産業改革委員会「最終報告（提言）」2019年５月から作成）

第３節　中間論点の取り扱い

本研究会は２か年計画（予定）であり、さらに１年間研究と議論・検討を深めて１年後に論点から本提言を作成する。その前段階の中間論点として国民共有の財産で

ある海洋水産資源の管理と利用に関して、国民全体で問題意識を共有し、課題として検討するべきであるとの認識を当研究会は有している。暫定的であるが、重要な暫定的提言の提起と位置付ける。

第4節　主要論点

論点1　日本政府は海洋水産資源を「国民共有の財産」とし、「すべての国民、消費者、NGOと科学者をステークホルダー」と明記する新漁業法制度を直ちに策定せよ。

「新しい漁業法制度」は漁業管理の発想と法体系を根本的に改めて、陸・海洋の生態系の包括的把握と水産資源管理を基本にし、これを適切かつ迅速に進めよ。魚種ごとや漁業種類ごとの管理に代えて「海洋生態系管理」とせよ。そして、国民総参加の資源管理の実施を明確に定めよ。

①海洋水産資源は国民共有の財産であり、その保護と持続的利用は、国民から日本国政府に付託された義務と責任である。その保護と持続利用は、海洋水産資源を把握し、陸・海生態系の全範囲を包括しなければ行えない。これを国民に分かりやすく、透明性を持って科学的に説明すべきである。

②2019年の漁業・養殖業生産量が416.3万トンと前年からさらに25万トン・5.8%減少し、我が国の漁業・養殖業はもはや史上最低状態に近いが、政府と自民党と全国漁業協同組合連合会（JF全漁連）に危機感は見られない。国連食糧農業機関（FAO）は2020年も漁業・養殖業の生産が減少すると予測しており、日本もコロナウイルス感染症の発生でさらに漁業、養殖業の生産量の減少が予想され、猶予はない。

③魚食は日本人の命の源でもあり食の柱でもあるが、水産物自給率と国内仕向量が減少する。日本政府・内閣の重要な政策課題として漁獲量減少を位置付けることである。

④西豪州政府は2008年から2012年までの海洋環境の変化が漁業生産の減少をもたらしたことを契機に議会での検討を開始し、それまでの「1994年漁業管理法」を廃止して「2016年水生資源管理法」を成立させた。そして単一資源の管理から関連する水生資源の管理へと舵を切った。複数種管理や混獲種の管理と養殖業との総合的管理を定めた（西豪州2016年水生資源管理法；第1次産業地域開発省）。

⑤このような世界の状況と豪州や第2期を迎えてIFQ（個別漁業割当）導入に入った米国のIFQ（米国漁業管理法ではITQをIFQと言う）を含むキャッチシェア制度は生態系と地球温暖化にも対応する制度として活用しており、これらを参考にすべきである。

⑥総合海洋政策本部のあり方についても、見直しが求められることとなろう。海洋の管理と保護と海洋水産資源管理は多様な省庁に関わる政策となるが、一義的な担当行政府となる水産庁については、従来の延長線ではなく、幅広い知見と専門性を有する高度の専門官庁への飛躍が求められる他、ステークホルダーからの情報収集はもちろん、高い視点に立って環境省、国土交通省や経済産業省並びに文部科学省との総合企画立案・調整ができる行政府としての脱皮が求められる。

論点2 行政において「海洋生態系アプローチ」管理戦略を定め、そのための行政方針と研究目標を明示すること。「海洋生態系アプローチ」のための科学者の研究分野を特定すること。単一魚種の分野にとどまらず、それを超え海洋生態系を広く研究すること。

①国立研究開発法人水産研究・教育機構が中央集権的な組織に改編されたことにより、地域と現場を向いた、研究所と研究者の独立、自主性と独自性が喪失している。中央トップの研究スローガンとコスト面での合理化を追求した上位下達が弊害とされる。また、各研究所のミドル・マネージメントは人事と予算が握られ、自由な研究と現場のニーズに即した研究を促進する意欲と行動が阻止される。

②包括的な教養と研究分野の知識の獲得に向け、各科学者に幅広い研究を促すトレーニングを積ませる。加えて、生態学と水産学の全体を把握する新たな職制を敷き、かつその養成が急務である。

③行政官も、経済と法律事務官は国際・国内法や水産業の経済・経営の多くの経験が必要とされる「新たなジェネラリスト」の育成が必要である。また、技官も全漁業と関連産業と水産科学に幅広い経験と知識をつける「新技官」の養成が必要である。明治期からの人事制度の名残の高等官である「事務官」と「技官」の垣根を廃止することも重要である。２年程度での移動を

排し、専門的に育成することが期待される。また国会や予算対応などの日常のロジ的な対応で時間を浪費し、結果的に浅い知識で終わっている。

論点3　陸・海域の干潟・湿地帯、砂州や河口域と海岸線を面としてとらえること。また、海岸面も地球温暖化と海面上昇によって変動する視点から見た政策が必須である。かつ、地下生態系・地下水を含め、デトリタス（プランクトンの死骸などの有機物）、第一次的植物プランクトンから最高位の鯨類までの食物連鎖を含む垂直と水平の海洋生態系の研究・調査が必要である。

①海岸法（昭和31年法律）の改正（平成9年）後でも、海岸保全区域はまだ海岸線から50メートル以内の陸地（満潮時の水際線から）とされ、連続する生態系の概念からは不十分であり、陸・海域への自然な一連の移行地帯ととらえることが必要である。

②上記の沿岸域の調査；線から干潟、湿地帯や河口域の面の広がりや地下生態系や地下水に対する調査・研究が現在はほとんどない。これらをモデル的に実施することが必要である。湾と湿地帯と干潟並びに河口域などの日本各地の分水

嶺からモデルとして、摘出して実施すること。その一つに気仙沼の舞根湾や陸前高田市の高田松原海岸が挙げられる。

③沿岸域の調査の際は、伏流水・地下水に関して水量、水質とその季節変動と栄養分と汚染物質の調査を実施する。クロロフィル量などの科学的指標をもって陸・海域と海洋生態系との関係を評価する。

④低次生物から植物プランクトンと動物プランクトンと小型魚類、大型魚類と鯨類などの食物連鎖に関しては、我が国でもえさ生物調査としてマリノフォーラムが実施した。現在、ノルウェーや国連の世界海事大学（World Maritime University/WMU）でも関心を持っている。資源量では、えさ生物はそれを捕食する魚類の10倍規模になる。サンマやイワシクジラの餌となるカイアシ類やサルパ類は数百万トン～数千万トンの資源量があるとされる。

⑤また、北西太平洋と南極海の鯨類捕獲調査は、海洋生態系の食物連鎖、海洋環境、海洋汚染と海洋酸性化の変化が海洋環境を通じてえさ生物

と鯨類の生理・生体に及ぼす影響を明らかにすることが可能な科学調査活動である。南極、北極や北太平洋の環境変化のモニターとしても重要である。さらに、生物全体の資源量と漁業資源の利用可能量と生物間の捕食・相互関連量の把握でも重要である。

論点4　地震・津波国である我が国では、津波防災を目的とするコンクリート堤防・土木建設（グレープロジェクト）が多いが、欧米では河川と氾濫原並びに海岸地形や樹木や草地植物の自然力を活用した防災（グリーンプロジェクト）が進展する。このような共生防災（「グレープロジェクト」と「グリーン・プロジェクト」の融合、すなわち「逆土木」プロジェクト）に日本は今後、取り組むべきである。

①堤防・土木建設物が敷設される広域なスペースの埋め立てや占有によって、生物多様性と生産性と酸素排出力と汚染物質の浄化場の藻場、湿地帯、汽水域と岩礁地帯などが失われた。人間が一部に手を加えただけでも生物の多様性は大きく減少する（米国NOAA、米国スミソニアン環境研究所、他）との研究結果がある。

②米国や欧州では防災を目的とした堤防・土木

2019年6月の高田海岸の復興事業。海岸域の水没地を埋め戻してTP3mの第1線堤と同12.5m第2線堤の2本の防潮堤、第2線堤から連続した河口防潮水門などの建設が進行中。

図 15
（資料；一般社団法人生態系総合研究所提供）

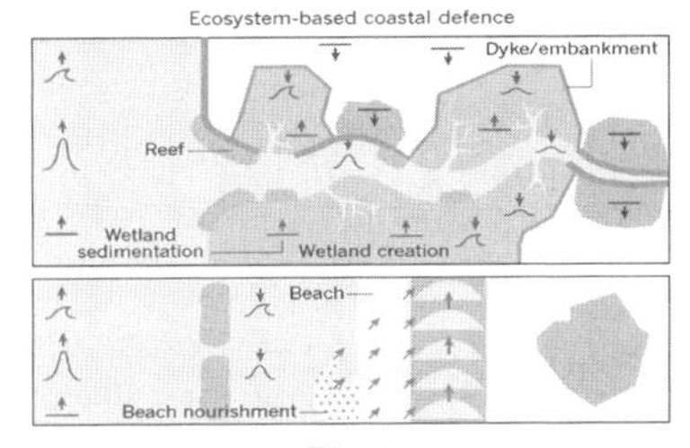

図 16
（資料；オランダ Deltares 研究所 Mindert De Vries 博士提供〈2020 年 3 月〉）

建設から、当該土木建設と自然の防災力を活用し調和した防災（「逆土木」）が実用化され、普及が進んでいる。米国では Army Corp、環境省と NOAA が推進し、Nature Based Solution、Building With Nature ないしは Engineering With Nature と呼ばれる。EU やオランダ政府は、水柳を防水用に植林し都市住宅の一部や農地を買い上げて河川水を引き込む氾濫原を創設して新たな防災機能としている（Room for River）。地震国である我が国では、ハリケーンや地球温暖化の海水面の上昇への対応とは異なる（注）が、共通する面も多く欧米の研究と取組みを実践的かつ具体的に研究・調査し、適切に取り入れるべきである。

（注）東日本大震災級の津波は防げない（岩手県三陸土木事務所シミュレーション）。

論点5　迅速に生物学的許容漁獲量（ABC）に対応した総漁獲可能量（TAC）規制と譲渡可能個別割当（ITQ）制度の導入を行え。ITQは漁業経営の安定化並びに生態系管理にも適切であり、直ちに導入せよ。導入に当ってはマサバとゴマサバを分離（マサバとゴマサバは別種）して導入するべきである。並びにマイワシの太平洋系統群のTACとITQの導入から開始せよ。次いでスケトウダラの太平洋系統群とスルメイカの日本海と太平洋系統群でTACとITQの導入を行え。

①我が国は、国連海洋法条約と国連海洋法実施協定に定められた科学的根拠に基づく資源管理の導入と実施の遅れが著しい。その結果、資源悪化を招き漁業地域社会の疲弊を早めた。科学調査を充実させて、現在約80種・系統群のABC算定種を200種・系統群にまで大至急に拡大し、そしてそのABCごとにTAC（総漁獲可能量）200魚種・系統群を設定しなければならない。

②現在の水産庁の日本海、オホーツク海・東シナ

海と太平洋をくくったTACの設定は科学的な根拠に反し、系統群の資源管理に失敗をもたらす。漁業管理の先進的な諸外国で別々の系統群を束ねて同一のTAC管理を実施しているところは全くない。科学的には、あってはならない。2020年7月から、2018年漁業法改正の先行管理としてサバ類日本海系統群とサバ類太平洋系統群とされたが、科学的には、別種を一つにくくっており、非科学的で、資源の悪化を招く。

③主要な魚種25種（諸外国での導入の程度）でITQ（譲渡可能個別割当）を導入、実施すること。ITQは水産資源の回復に貢献する。北部まき網漁業ではマサバとゴマサバ及びマイワシに対してITQを導入するべきである。スケトウダラは北海道・太平洋系統群に対して、スルメイカは日本海（秋生まれ）と太平洋系統群（冬生まれ）別に管理するのが適切である。

④サンマの代替魚種として、サンマ棒受け網漁業に対してマイワシの割り当てが北海道と岩手県で試験操業許可として行われた。これは本来、マイワシにITQ制度を導入すれば、行政による小手先の試験操業の許可ではなく、明確な

ITQ政策として適切に運用できるものである。

⑤日本の200カイリ内排他的経済水域内で失った約664万トンのうち日本の漁業生産量をTACの設定とITQの導入と漁業権制度の改正で、100〜150万トン以上回復させることを目標とする。

⑥残りの漁獲量、約500万トンから560万トンの回復は新たな水産資源の管理の充実・導入のみでは困難と予測される。陸・海洋生態系の変動要因によって、また、環境の悪化とえさ生物となるプランクトンの発生量の減少、貝毒の発生並びに海水温の上昇による漁業資源の生息域の北上等、日本の沿岸と近海の海洋と海底の生産力が低下ないし減少したことが原因であると見られる。回復はその原因の科学的解明と対応策の調査研究と生態系回復策の策定と実施・実行力に依存する。

論点６　水産行政を、漁業協同組合経由の沿岸漁業者と沿岸域の施設整備のハード事業予算の執行から、沖合漁業や国際漁業等の漁業と車の両輪の水産業クラスターの中核をなす水産加工業を合わせた振興政策へと転換することを真剣に提示すべきである。水産加工業は漁業を支える役割に加え、冷蔵･保管し、食品多様性を提供し、食文化形成にも貢献する。その総生産金額は漁業の1.5倍に達し、将来の漁業生産の増大は、水産加工業に依存する。

①漁業と共に産業クラスターの中核をなす水産加工業を戦略産業と位置付けることが重要である。水産加工業は従業員10名以下については水産業協同組合法で水産加工業協同組合を形成できるが、組合員となっても特段メリットがない。10名以上は中小企業等協同組合に属する。水産加工業衰退の原因の一つは、行政的な位置づけが弱く、適切な政策と予算措置がないことである

②漁獲量が減少し、水産加工業は原料の調達を輸入に依存せざるを得ないが、IQ（輸入割当）制度と関税が安定輸入の障壁となっている。輸入割当制度と関税は、漁獲が多く魚価安であった沿岸漁業保護が目的であった。しかし現在、漁獲が少なく、魚価は上がって、加工業者が困難な状況にあり、その理由が失われており、これを撤廃することが肝要である。

③ノルウェー水産物審議会〈NSC〉に倣い、米国市場やEU市場等の相手国のマーケットを把握し、その国のニーズと制度に合わせ、かつ、日本の漁業管理の実情を啓蒙し、輸出競争力向上を政府が率先せよ。

論点7-1　基本的な海洋水産・漁業交渉は、国際交渉の環境が大きく変動しているのに前例踏襲主義で外交方針がなく、日本の国益を失っている。従って、国際・国内の相手国と科学的情報他を一層収集し、科学的根拠と国際法に則り提案しリーダーシップを発揮するべきである。交渉内容と結果は国民に説明責任を果たすべきである。

論点7-2　地域漁業委員会会合、国際捕鯨委員会(IWC)、気候変動枠組み条約国際交渉では、事前の非公式の会合など対話が重要である。日本は政府だけでなく大学等も事前の非公式会合に参加し積極的に参加・貢献し合意形成に効果的に関与すべきである。

①基本は科学的根拠と条約に基づく提案を出して、事前に各国に根回し、対話の促進を図るべきである。

②交渉終了後のプレスリリースがロジスティクス以外の情報に乏しく、情報開示の責任を果たしていない。北太平洋漁業委員会（NPFC）や中西部太平洋まぐろ類委員会北小委員会（クロマグロ委員会）では、交渉内容と情報を開示していない。

③ステークホルダーに対する説明が不足する。また、ステークホルダーとの交渉の事前の協議もほとんど見られない。結果的に国益に反する。

④北太平洋漁業委員会では中国、韓国との対話が欠如し、IWC の場合は自国の主張が通らないとの稚拙な理由で国際捕鯨取締条約から脱退をしている。
SDGs の策定に日本は積極的に関与してこなかった。最近まで、SDGs の国内での実行に積極的ではなった。また、現在交渉中の BBNJ については国民には何も知らされない。

論点 8-1　改革的かつ包括的水産政策の企画・立案力と実践・実効性の向上を図るには、現在の水産庁では対応が期待できず、官邸がリーダーシップを発揮することである。官邸に助言を提供する機関として、水産庁から人事と予算で独立した国立研究開発法人水産研究教育機構を内閣府ないし内閣官房の直属機関として新たに設立するべきである。

当該機関は総合的な海洋生態系に基づく漁業研究機関とするべきであり、以下の研究と調査を行うものとする。同研究所は、内閣に助言と報告を行う。

①単一魚種から海洋生態系の研究調査；混獲魚種、ハビタット（生息域）、陸・海関係の河川、湿地帯、海洋環境、低位生物から鯨類まで食物連鎖、堤防の影響、グレープロジェクトとグリーン・プロジェクト

②経済・経営調査；ITQと他管理制度の効果、組織統合と経営収支調査

③社会調査；水産加工業、流通と関連産業、地域社会と貿易、需給

④法学研究；国際条約と国際法と国内法と各国制度並びに国際会議研究

論点8-2　民間（トラック２）の独立したシンクタンク・専門研究機関「海洋生態系研究所（仮称）」を早急に設

立するべきである。研究・調査は上記とほぼ同じであるが、国立の機関にある国籍の制約問題もないので外国籍科学者・研究者の採用と外国の研究機関との連携を柔軟に行う。

①独立したシンクタンク（トラック２）として、日本経済調査協議会「水産業改革委員会」は機能した。すなわちその提言が2018年漁業法改正並びに漁業権の実態の見直しなどに反映され効果はあった。従って民間のシンクタンク・研究所が必要である。

②第一議的な監督官庁である農林水産省・水産庁からは全く独立した資金力と人事（専門家の調達）が必要である。

③資金は、第１次産業からの直接の影響を被り、係る水産業の改革が利益をもたらす水産業界と食品産業と小売業界などからの拠出が考えられる。また、今後は各種の改革が奏功することによってビジネスチャンスを期待できる機器やシステムの開発・産業などもあげられる。その他にも、クラウドファンディングを推奨する。

④人事と専門性としては、経済・経営、国際法、国連海洋法と国際環境法と水産資源管理の理論、ITQの実践学、さらには生態学、植物学、生物多様性学、海洋学、海洋科学、海洋生物と漁村社会学や地域社会学、河川学、河川工学、土壌学、水理・水文学に加えて防災と土木並びに土木工学等で、これらに限定されない。これらの人選と給与の水準が当該研究所の将来の成否を決定するところであり、専門家の選定に関しては、日本人に限定することなく、広く発展途上国も含め、外国人専門家を招致する。

⑤各国の政府機関と政府研究機関並びに米スミソニアン環境研究所やオランダのデルタレス研究所や豪州グレートバリアリーフ海洋公園局とも交流を予定する。

⑥現実対応が可能な分野と優先順位が高い、例えば海岸水際の生物多様性などに限定し分野を特定して、2～3名の専門家の派遣を要請して、小規模な研究所をスタートさせることが現実的と考えられる。

参考文献

農林水産省「2019 年漁業養殖業生産統計年報（速報値）」2020 年 5 月 28 日

FAO；Food and Agriculture Organization of the United Nations [Global Production by Production Sources；Fisheries and Aquaculture Production Statistics]

亀井善太郎「統治機構と水産資源保護政策」2020 年 2 月

PHP[統治機構改革研究会]「統治機構改革 1.5 & 2.0」2019 年 3 月

日本学術会議　食料科学委員会　水産学分科会「我が国における持続可能な水産業のありかた。」―生態系管理に基づく資源管理―　2017 年 8 月

一般社団法人生態系総合研究所「気仙川・広田湾プロジェクト森川海と人　2016 年度気仙川・広田湾総合基本調査報告書」2017 年 5 月

一般社団法人生態系総合研究所「陸前高田市 2019 年度事業　広田湾・気仙川総合基本調査事業報告書」2020 年 3 月

一般社団法人日本経済調査協議会　第 2 次水産業改革委員会　最終報告書「新たな漁業・水産業に関する制度・システムの具体像を示せ～漁業・水産業の成長と活力を取り戻すために～」2019 年 5 月

小松正之「世界と日本の漁業管理　政策・経営と改革」成山堂 2016 年 11 月

新潟県新資源管理制度導入検討会「新潟県新資源管理制度検討委員会　報告書」2011 年 9 月

小松正之・望月賢二・堀口昭蔵・中村智子「地球環境　陸・海の生態系と人の将来」雄山閣　2019 年 7 月

NOAA (National Oceanic Atmospheric Administration) [Impact of Hardened Shorelines on Aquatic resources.] 2017 年 4 月

Smithsonian Environment Research Center [The Multiscale Effects of Stream Restoration on Water Quality] 2018 年 2 月

別表　世界各国の水産資源所有権の法的規定

国名・地域	規定内容	言語または英文表現	出典
米国	天然資源は、公共信頼主義(Public Trust Doctrine)に基づく公共資産で、個人の所有によるものではなく、政府は被信託者としてその管理の権限と責任を有しているとされている。	The public trust doctrine is a principle of common law that reflects certain political and cultural concepts pertaining to natural resources. Based first on Roman law and then ran English common law, the principle asserts that certain resources, such as the air and the water in rivers and oceans, are incapable of private ownership and control. Fish swimming freely in rivers and oceans, by extension, are included in the principle. The government, as trustee, has continuing authority and responsibility for stewardship of the natural resource held in trust for the public.	Programmatic Supplemental Environmental Impact Statement for Alaska Groundfish Fisheries by National Oceanic and Atmospheric dministration (NOAA), U.S. Department of Commerce (USDC)
欧州連合	水産資源は自然の再生・移動可能な資源であり、その再生産と移動は制御できないことから、共有財産とされている。	Fish resources are natural, renewable and mobile resource whose reproduction and movements are beyond our control. Because fish are a natural and mobile resource, they are considered as common property.	About the EU Common Fisheries Policy: Managing common resources
ノルウェー	水産資源は国家経済が拠り所としている天然基盤の重要なものであり、その健全な資源管理は富の創造の継続的成長のための前提条件であるとしており、水産資源は重要な国家財産とされている。なお、その恩恵の分配には政治的決定が必要とされている。	Since the fish resources are a valuable national asset, distribution of the benefits must necessarily be a matter of political resolution.	Perspectives on the development of the Norwegian fisheries industry (1997-1998) by the Royal Norwegian Ministry of Fisheries.

アイスランド	アイスランド漁場における開発可能な海洋資源はアイスランドの共通資産とされている。(ITQシステムの導入を決定した1990年漁業管理法冒頭第一章第一条に規定)	The exploitable marine stocks of the Icelandic fishing banks are the common property of the Icelandic nation.	The Fisheries Management Act No 38 of 15th May, 1990 by the Ministry of Fisheries.（漁業管理法）
ニュージーランド	水産資源はすべて国家（Crown）に所属しクオータ所有者へITQとして配分されている。なお、未配分のクオータについては国家が所有するとされている。また、水産資源の所有権に関する文章での法律上の規定はない。	There is no specific definition of Marine resources described in law but it is considered that all marine resources are belonging to the Crown.	
ペルー	領海及び領土内の水産資源は国家財産とされている。	Son patrimonio de l Nacion, los recursos hidrobioligicos contenidos en aguas jurisdiccionales.	Constitution（憲法）
ブラジル	大陸棚及び排他的経済水域の天然資源は連邦政府の資産とされている。	Art. 20 Sao bens da Uniao: V- os recursos naturais da plataforma continental e da zona economica exclusive.	Constitution Art. 20（憲法第20条）
スリナム	200カイリ経済水域の海底及び海中における天然資源は、生物・無生物にかかわらず管理・保護・開発の主権はスリナム共和国が有するものとされている。	In the economic zone, the Republic of Suriname has the sovereign rights for the purpose of the exploration, the preservation and management of the natural resources, living as well as not living on the seabed and in the underground and waters lying above it.	Sea and Fishery Decree 1980 Art. 4（1980年海洋・漁業法）
エクアドル	領海内、汽水域、河川、湖、天然及び人工の運河に存在する水産資源は国家の資産であり、その節度ある利用は国家によりその利益のため規定・規制されている。	Los recursos bioacuaticos existentes en el mar territorial, en aguas maritimas interiors, en los rios, en los lagos o canals naturales y artificiales, son bienes nacionales cuyo racional aprovechaneiento sera regulado y controlado por el Estado de Acuerdo a sus intereses.	Constitution（憲法）

フィリピン	公共用地・水・鉱物・石油・電力・漁業・森林・動植物等全ての天然資源は国家により所有されるものとされている。なお、水産物を含む領海・排他的経済水域の海洋資源開発はフィリピン国民に限定されている。	All lands of the public domain, waters, minerals, coral, petroleum, and other mineral oils, all forces of potential energy, fisheries, forests or timber, wildlife, flora and fauna, and natural resources are owned by the State.	Constitution Section 2 Art. XII（憲法第2部第120条）
南アフリカ	水産資源は国家資産として考えられその永続的な活用のため、政府は適切な保護・開発政策を実施するとされている。なお、2005年には長期的な漁業権が発給された。また、水産資源の所有権に関する文章での法律上の規定はない。	There is no specific definition of Marine resources described in law but in Fishing Industry Handbook mentions that "In South Africa's fisheries policy, marine fisheries resources are defined as a national asset to be exploited on a sustainable basis."	
ナミビア	排他的経済水域の海洋資源の開発の主権はナミビア政府に所属するものとされている。	The exclusive economic zone, marine resources shall be subject to the sovereign rights of Namibia with their exploration and exploitation.	Sea Fisheries Act, 1992（1992漁業法）
モザンビーク	国土の土中・地表、湖水・河川、領海、大陸棚及び排他的経済水域の天然資源は国家所有とされている。	Os recursos naturais no solo e no subsolo, nas aguas interiors, no mar territorial, na plataforma continental e na zona economica exclusive sao propriadade do Estdo.	Constitution Art. 98（憲法第98条）
米国 アラスカ州	州に属する魚、森林、野生動植物、草地、その他全ての補充可能な資源は、持続的収穫の原則により利用、開発、維持されるべきである。	Sustained Yield – Fish, forests, wildlife, grasslands, and all other replenishable resources belonging to the State shall be utilized, developed, and maintained on the sustained yield principle, subject to preferences among beneficial use.	Constitution of the State of Alaska, Article 8 - Natural Resources, Section 4 Sustained Yield

西オーストラリア州（豪州）	天然魚は通常、誰の所有物でもなく全ての者が所有できる共通の財産とみなされる。	Wild fish, in the context of the law, are usually deemed a "common property" resource, owned by no-one and available to all.	Common law
ビクトリア州（豪州）	ビクトリア州政府は、ビクトリア州水域で発見される全ての天然魚ならびにその他動植物を所有する。	Crown Property - The Crown in right of Victoria owns all wild fish and other fauna and flora found in Victorian waters.	Fisheries Act 1995
NSW州（豪州）	漁業資源は、漁業従事者ならびに漁業非従事者が分かち合う共通の財産である。	Fish resources are a common property resource shared between extractive and non-extractive users.	NSW Fisheries Resource Sharing Policy, Department of Primary Industry, NSW Government
豪州	我々の漁業は全てのオーストラリア国民のものである。我々共通の海洋資源は全てのオーストラリア国民に属し、現在のそして将来の世代のために管理される。	Our fisheries belong to all Australians. Our shared marine resources belong to all Australians and managed for the benefit of current and future generations.	Commonwealth Fisheries Policy Statement, Department of Agriculture, Water and the Environment

第 2 章
2020 年度北太平洋海洋生態系と海洋秩序・外交安全保障体制に関する研究会第 2 次中間論点・提言

国民共有財産としての海洋生態系管理から進める日本国家の政策・組織の抜本的改革を

本研究会では、国民全体の利益から見て「海洋水産資源の管理」の政策と漁業法制度システムの包括的な生態系管理への転換の必要性を、これまで継続して訴えてきた。これら海洋水産資源の適切な管理は、貴重な食料としても、また、海洋の環境の維持からしても、きわめて重要な政策課題である。しかし、それにも関わらず、政治の現実を見れば、その場の直面する短期的課題ばかりが政策として採り上げられている。海洋水産資源の適切な管理は、こうした長期の課題解決に資するものであると同時に、人口減少が加速する日本の成長産業の核となりうるものである。とくに衰退著しい地方にとって、きわめて有望な産業､魅力ある雇用の場となりうる。まず、中間論点・提言整理のはじめに、そのことを冒頭で定量的に示したい。

第１節「第２次論点・提言」実行の必要性、ストーリーと経済的効果

本節で取り上げた経済的効果は、あくまで１つの試みの試算として2020年度に算出したものである。本研究会においてはさらに充実を図っていく予定である。

1. 既存の政策のままでは、水産業・地方はさらに衰退してしまう

2020年の漁業･養殖業生産量は、また減少した。特に、沿岸漁業と内水面漁業が減少した。本研究会でも漁業・養殖業の衰退を漁獲統計で見てきたが、このままでは衰退は止まらないとの認識で一致した。このような認識は日本政府の他の情報によっても裏付けられる。

漁業・養殖業の衰退とともに水産都市と漁村・離島の衰退は著しい。このままでは、2045年で人口は3分1に減少する。2015年から2045年の人口の推移（推定）を見ると水産都市で2045年には約50～70％の人口に縮減し、離島は30～50％に縮減し、その存在すら危うくなる。漁業･水産業の衰退で、地方の優良な人材も流出、人口の減少にも拍車がかかる。

これを救うのは漁業・水産業とこれら関連産業しかない。米国、ノルウェーとアイスランドの諸外国で見られるような科学に基づく譲渡可能個別漁獲割当（ITQ）導入による資源管理型の漁

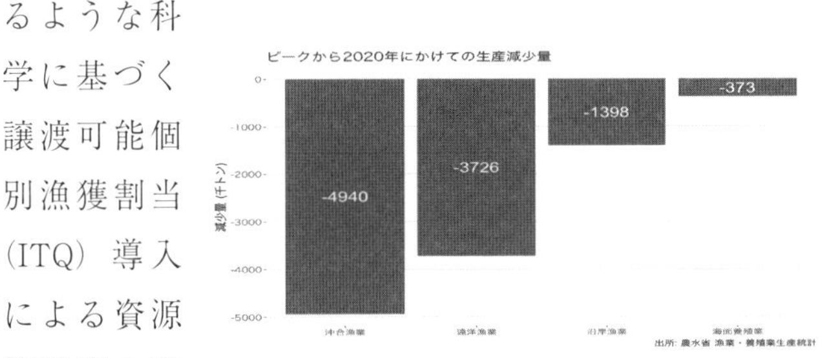

図１　ピークから2020年にかけての生産減少量

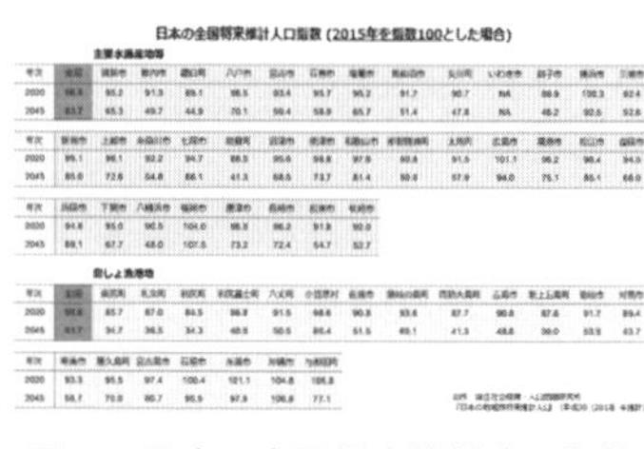

日本の全国将来推計人口指数（2015年を指数100とした場合）

主要水揚産地等

年次	全国	[illegible]	[illegible]	[illegible]	八戸市	[illegible]	[illegible]	[illegible]	[illegible]	[illegible]	いわき市	[illegible]	[illegible]	[illegible]
2020	[illegible]	95.2	91.3	89.1	98.5	93.4	95.7	95.2	91.7	90.7	NA	88.9	100.3	92.4
2045	83.7	65.3	49.7	44.9	70.1	59.4	58.9	65.7	51.4	47.8	NA	48.2	92.6	52.8

年次	[illegible]	[illegible]	[illegible]	[illegible]	[illegible]	[illegible]	[illegible]	[illegible]	[illegible]	[illegible]	[illegible]	[illegible]	[illegible]	[illegible]
2020	95.1	96.1	92.2	94.7	88.5	95.6	98.8	97.8	93.8	91.5	101.1	96.2	98.4	94.0
2045	85.0	72.8	54.8	86.1	41.3	68.5	73.7	81.4	50.8	57.9	94.0	75.1	85.1	66.0

年次	[illegible]	下関市	[illegible]	[illegible]	[illegible]	[illegible]	[illegible]	[illegible]
2020	94.8	95.0	90.5	104.0	98.5	96.2	91.8	92.0
2045	89.1	67.7	48.0	107.5	73.2	72.4	54.7	52.7

年次	全国	[illegible]	[illegible]	[illegible]	[illegible]	[illegible]	[illegible]	[illegible]	[illegible]	[illegible]	[illegible]	[illegible]	[illegible]	[illegible]
2020	[illegible]	85.7	87.0	84.5	98.8	91.5	98.6	90.8	93.6	87.7	90.8	87.6	91.7	89.4
2045	83.7	34.7	36.5	34.3	40.5	50.5	86.4	51.5	49.1	41.3	48.8	38.0	53.9	43.7

年次	[illegible]	[illegible]	[illegible]	[illegible]	[illegible]	[illegible]	[illegible]
2020	93.3	95.5	97.4	100.4	101.1	104.8	106.8
2045	58.7	70.0	80.7	95.9	97.9	106.8	77.1

図２　日本の全国将来推計人口指数
（2015年を指数100とした場合）

業・養殖業への改革、海洋生態系の回復並びに関連産業と人材の養成を以下に示す「第2次中間論点・提言」に沿って実施することによって、下記に示すような魅力ある産業への転換を図り、若者にとっての意義ある雇用の場に転換していかねばならない。

2. 漁業・養殖業の生産価値を回復し、現在の3倍以上へ

我が国は、200カイリ排他的経済水域と河川や湖沼の内水面の生産価値を失ってきた。喪失した漁業と養殖業の生産量は約690万トンにも及ぶ。これは現在の漁業・養殖業の生産量417万トンの1.4倍にものぼる。

この生産価値の回復で、現在の漁業・養殖業生産量は2.4倍となる。加えて、価格上昇や付加価値の上昇を期待すれば、3倍程度の生産額の回復

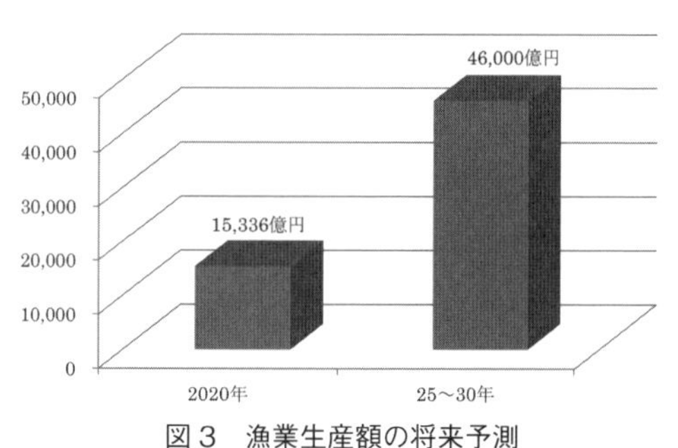

図３　漁業生産額の将来予測
（一般社団法人生態系総合研究所が農林水産省「漁業養殖業生産統計年報」から試算）

表１　現在の漁業・養殖業並び資源管理成功後の将来の生産金額（推計）

	生産金額	将来の生産金額（推計）	現就業者数	基本年
①海面漁業	9,379 億円	2 兆 8,136 億円	123,685 人	2018
②海面養殖業	4,861 億円	1 兆 4,582 億円	20,774 人	2018
③内水面漁業	185 億円	554 億円	4,772 人	2018
④内水面養殖業	911 億円	2,732 億円	9,438 人	2018
漁業・養殖業合計	1 兆 5,336 億円	4 兆 6,004 億円	151,701 人	2018

（一般社団法人生態系総合研究所が農林水産省「漁業養殖業生産統計年報」から試算ただしこれらは汚染物質や温排水の停止並びに、栄養分の高い陸水の流入など陸・海洋環境・生態系の改善によって増進・強靭化される）

が可能となる。

まず、沖合域では2020年までに失った494万トンの回復を図る。これまで、放置されてきた科学的な漁業資源管理を積極的に導入する。すなわち、科学的根拠に基づき生物学的許容漁獲量（ABC）を設定し、さらには総漁獲可能量（TAC）をそれに基づき設定し、早急にITQを導入する。それによって資源の増大、漁獲量の増大を図り、国際的マーケットをベースにした販売で、価格・生産金額も増大することができる。

沿岸漁業（漁業権漁業）や海面養殖業もピークからそれぞれ139.8万トンと37.3万トンの合計177.1万トンを失った。これは現在の沿岸漁業（87.2万トン）と海面養殖業（96.7万トン）の合計183.9万トンに匹敵する。沿岸漁業と海面養殖業の成長は海面と水産資源の利用の規制に阻まれてきた。既存の漁業権が沿岸漁業の閉鎖性を生み、かつ、新規の投資や人的な参入を拒み、技術革新を遅らせ、衰退の原因となり、魅力ある産業としての沿岸漁業・養殖業の発展を阻害してきた。

この沿岸域ではまず、制度を一新する。すなわち、漁業権を廃止し、漁業と養殖業を許可制にしたうえで、沿岸域の漁業と養殖業にも科学的根拠に基づく漁獲量と養殖可能量(いずれもITQとして)を設定する。そうすれば、資産価値としての管理と保全はもちろんのこと、漁獲量と養殖量も安定し、品質が安定化し、市場に応じた商品として供給できるので、価格の上昇も期待できるであろう。

3.「海洋と水産資源は国民共有の財産」とし海洋生態系管理に政策を移行・転換した場合の経済効果（金額はいずれも推定）

(1) 海洋生態系内の生物種の利活用（1兆円以上）

我が国の周辺海域及び海外海域には、人の食料としてばかりではなく、養殖等（養殖用餌料や医療・薬学用・健康食品用）の拡大によって必要とされる可能性のある海洋資源がある。それらは中層のハダカイワシやサルパ類とオキアミやカイアシ類である。

海産哺乳動物とその餌生物も総合的な持続的利活用を図るべきである。

ハダカイワシやサルパやカイアシ類も同様に持続的利活用を図ることができる。また、これらによる医療的、薬学的価値の調査の研究も検討出来よう。

(2) 水産業関連産業の拡大

漁業・養殖業の生産が３倍に増加することで、それらを原料とする水産加工業の生産額は７兆円～10兆円、水産流通販売額26兆円～40兆円、水産に係る外食販売額は17兆円～26兆円でスーパーマーケットなどの小売りの売上は３兆4,000億円～５兆円となる。

(3) スポーツ・フィッシングの拡大

海洋と水産資源は、スポーツ・フィッシングを支えてきた。スポーツ・フィッシングで採捕される水産物を売上高に換算すると5,918億円となり、また、そのスポーツ・フィッシングの装備などの支出額は9,800億円となっている。科学的資源管理で資源回復をはかれば売上高は現行の２～３倍の１兆2,000億円～１兆8,000億円、支出額は１兆2,000億円が見込まれる。しかし、この試算も米国・豪州のように内水面のスポーツ・フィッシングを加えればさらに拡大する。河川の環境の改善とともに、内水面スポーツ・フィッシングは振興・開発することが可能である。米国や豪州に比較しても我が国のスポーツ・フィッシングの発展度合は低い。

(4) レクリエーションと観光；景観と自然のもたらす経済的な価値

海洋は国民にレクリエーションの場を提供する。海洋

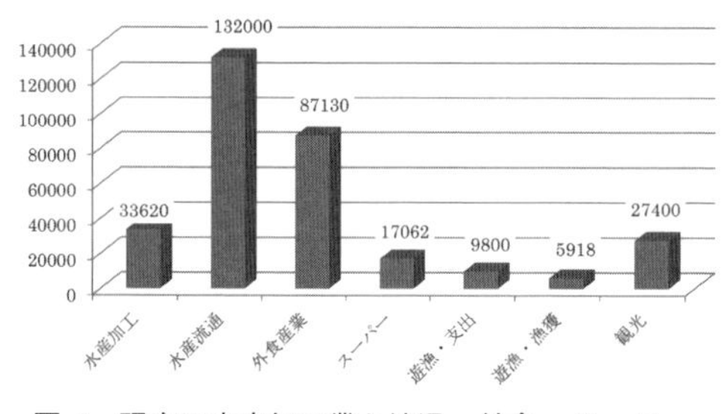

図4　現在の水産加工業と流通、外食、スーパー、遊漁、観光業の生産額（単位：億円）

に係る観光業の経済効果は年間2兆7,400億円（推定）に達する。生態系を改善すればその額は2025～30年で5.5兆円（推定）が見込まれる。

(5) 造船業やIT産業

漁業・養殖業が改善・増大すれば、関連産業である漁船や運搬船などの造船業、トラック他の製造の自動車産業の発展が期待される。また、その資材を提供する下請け産業が発展する。これらの経済的な規模は今後の試算結果を待つ必要がある。

(6) グリーン・プロジェクト新公共事業・産業

現在の建設土木が主流を占めるコンクリート中心の公共事業・土木工事から自然活用型のグリーン・プロジェクトへの移行により、新技術の導入と新分野の工事が必要となり、新たな事業が想定される。これらは自然の活用型であるので、生物やその関連の知識を必要とし、その部分の調査研究と施工技術並びに原材料の供給が必要となり、それらの面での新事業の開拓が期待できる。

さらには、現状の老朽化した堤防、ダムや河口や河川堰の撤去や改修が必要となるので、その撤去と改修が新事業となる。加えて、自然の活用型の事業は設計とメインテナンスが必須であり、これらの分野の新事業が創造される。

4. 自然力として価値を持つ海洋生態系の経済効果を評価・研究へ

海洋生態系と海洋水産資源がもたらす経済的価値は何も漁業・養殖業の分野にとどまらない。海洋生態系の持つ水質浄化作用、酸素の供給、二酸化炭素の吸収、無生物が生物の生息に果たす機能など多岐にわたる。そのほかにも生態系の構成物のミネラル、ウイルスやバクテリアやプランクトン並びに深海底の資源などの新たな発見がもたらす恵沢は図り知れない。

海洋と水産資源が生み出す経済効果は、これまで適切に認知されていない。以下のものが想定され、これらは今後の研究会でさらに検討する必要がある。

①海洋は地球上の酸素の６割前後を供給する。海洋生態系を回復して、強靭化するとその生産量と生産能力も増大する。

②一方で海洋は二酸化炭素を吸収するなど環境保全に重要な役割を果たす。

③陸上から投棄・排出される汚染物質の分解や浄化作用がある。これらも排水処理施設を建設し、排水を浄化するとすれば莫大な費用が掛かる。

海洋生態系を改善すれば、海洋水産資源の価値はさらに上がるであろう。上述の推計には2021年度に更なる研究会での検討を必要とする。すなわち、自然資源が持つ経済的な価値を「自然資源資産会計」を適応し本研究会でも検討する。

「論点・提言」を実践することは経済・経営面、地方の振興と人材の育成面でも包括的なメリットがある。上記の分野と国内外の漁業・養殖業と水産加工業他の関連の産業に投資（漁業分野への投資には一定の条件を付与）し、制約を求めることなしに海外からも含め投資を歓迎するべきである。人材と研究開発の分野での参入を促進するべきである。

第2節　第2次中間論点までの経緯

1. これまでの経緯

本研究会は2020年7月6日に「水産から日本国家の大局的構造改革モデルを」と題して、「海洋と水産政策・研究並びに海洋秩序・外交安全保障体制」に関しての8

つを柱とする第１次の中間取りまとめと論点（提言）を発表した。これを日本政府・国会とプレスを通じて一般社会並びに外国政府と国際機関を含む海外にも伝達した。それは、日本政府の法律や制度の修正、長期計画の新視点からの政策の策定に関心のある学術研究の参考とすること、また外国政府や国際機関に対しては、日本政府からの情報の発信が不足し限定的であることから、日本の政府・制度や政策課題に関する視点・論点を提供することにより、本分野における日本と日本政府・研究機関と民間・業界の現状と課題と将来に関する理解の一助とすることを目的とした。第１次中間論点は本論点とエグゼクティブ・サマリーの双方を英訳した。それに対して世界各国・関係機関からも反応があった。また、海洋水産関係の国際水産学術誌「Marine Policy」に要約を掲載した。

2. 第１次中間論点との関係

2019年度の本研究会の発足時には、2021年春には最終提言をまとめて、これを公表することを意図していた。第１次中間論点は、これまで海洋水産政策の中では検討が不足気味で重大かつ重要な点である「海洋と水産資源は国民共有財産」との認識下で、日本政府・水産庁が海洋生態系管理の政策に移行すべきことを提言した。そのために、狭い範囲の縦割り行政と研究をやめること、行政と研究組織の目標をその方向に合わせて、人材登用や行政業務の改革や研究内容を大胆に変更する事などを指摘した。それらの論点の実現可能性を高めるためには、8つの柱の中間提言をさらに、広範かつ深堀りをし、それらを第2次論点として取りまとめて、そのうえで最終提言とする方が好ましいと認識した。

加えて、2020年7月の中間論点の発表後に日本国内と世界では菅総理が2050年までの温暖化排出ガス・ゼロエミッション発表や福島第一原子力発電所の放射能汚染処理水の海洋投棄の決定、WTOの非持続的補助金の廃止の基準の発表などの新決定・新発表などがなされたため、これに対応することも意図した。

2020年6月26日の2020年度第1回の研究会（第1次中間論点採択を行った研究会）では中間提言の検討を開始した。研究会の新たなニーズ他に対応するために初年度の委員と第2年目の委員には一部に変更と追加がある（表2）。

各回の主要なテーマを決め、第1次中間提言を深堀りし、広範化し検討を重ねた。それは順調に実施した。しかし新型コロナウイルス感染の拡大と延長で、会議の開催が全てWEBとなったことや招聘する講師に制約が生じた。

表2　2020年度北太平洋海洋生態系と海洋秩序・外交安全保障体制に関する研究会メンバー

氏　名	所　属
小松正之（主査）	（一般社団法人）生態系総合研究所代表理事、アジア成長研究所客員教授
平泉信之	鹿島平和研究所会長、鹿島建設取締役
横山勝英	東京都立大学　都市基盤環境学科教授
亀井善太郎	PHP総研主席研究員、立教大学大学院特任教授
寶多康弘	南山大学経済学部教授
寺島紘士	笹川平和財団海洋策研究所　前所長
川﨑龍宣	みなと新聞元顧問、ジャーナリスト
帰山雅秀	北海道大学名誉教授、北海道大学北極域研究センター研究員
	必要に応じて、外交および安全保障の専門家を招致する。

表3　2020年度研究会オブザーバー

氏　名	所　属
小黒一正	法政大学経済学部教授
阪口功	学習院大学法学部教授
真田康弘	早稲田大学地域・地域間研究機構／研究員・客員准教授
桜井泰憲	一般財団法人函館国際水産・海洋都市推進機構、函館頭足類科学研究所・所長（北海道大学名誉教授）
砂川雄一	株式会社合食代表取締役社長
大田祐介	福山市議会議員
平田靖	平田水産技術コンサルティング代表
	他に漁業・水産業・環境専門の大手新聞社・大手放送局員、国際環境法と国際政治学や国際環境・地域漁業機関専門の大学教授・講師など。

リサーチ・アシスタント　中村智子

当初予定した研究テーマのうち、オランダ・デルタレス研究所（2020年3月訪問）の発表以外は、海外からの発表に関して、第2次中間論点で取り上げることができなかった。米国スミソニアン環境研究所や豪州グレートバリアリーフ海洋公園管理局からの専門家受け入れも、米国と日本の新型コロナウイルス感染症の発生状況や日本政府の緊急事態宣言の発令で断念した。これらの海外の専門家による本研究会への貢献に関しては、来春のスミソニアン環境研究所、アンダーウッド社の訪日が予定されており、彼らによる本研究会での発表が予定されている。また豪州グレートバリアリーフ海洋公園管理局の訪日は2022年には実現が可能であることを期待している。オランダ・デルタレス研究所も招致を切に期待している。

3. 2020年度の検討項目

2020年度の研究会は陸海の生態系の問題を幅広く、かつ専門的に検討することが可能なテーマを選択した。テーマは、その範囲が広範多岐に亘った。広範かつ各種のテーマ検討は、我が国では採用されない方式である。本研究会の論点・提言は日本政府や研究機関に対して包括性と新たな専門性を高く要求している。本研究会の目的を明確にするには、旧態の狭い範囲での縦割りと現状維持を脱却する模範の提示が重要と考える。

初年度は海洋と水産資源の管理と漁業における国際管理に力点を置いたが、第2年度は、手薄であった陸域、河川・流域と海岸域の検討に力点を置いた。また、沿岸域の総合管理の概念が不足していたので、その点に関して、海洋基本法に照らして検討したほか海洋と水産資源は国民共有の財産に関する法的な検討に力点を置いた。具体的な検討事項・研究会のテーマは表4の通り。

表４　2020年度北太平洋海洋生態系と海洋秩序・外交安全保障体制に関する研究会の開催記録

回数	日付	主たる議題
第1回	2020年 6月26日（金） ホテルオークラ東京にて会合	・2019年度北太平洋海洋生態系と海洋秩序・外交安全保障体制に関する研究会の中間論点（案）の検討と採択 ・2020年度研究会の日程案（予定）の検討と研究会メンバーの紹介 ・「地球温暖化と海面上昇に関するオランダの防災研究と対策―小松主査2020年3月出張報告」（小松正之）
第2回	2020年 7月31日（金） WEB会議	・本研究会論点の農林水産省・政治家、プレスなどへの説明と反応の紹介（小松正之） ・「バックキャスト方式に基づく生態系アプローチ型持続可能な水産資源管理」（帰山雅秀） ・「漁業法改正とその運用方針、ならびに令和元年水産白書の概要：海洋生態系」（川崎龍宣） ・「森川海と人：広田湾の海洋生態系と５～6℃の水温の急上昇と養殖業への影響」（小松正之）
第3回	2020年 8月28日（金） WEB会議	・「日本の水産業の課題：産業全体を俯瞰した施策の必要性について」（砂川雄一、合食社長） ・「グローバル経済と漁業資源」（寶多康弘）・「水産研究・教育機構の改組について」（川崎龍宣） ・「国民共有の財産法（仮称）」と「論点・提言の実施のメリットは何か」の検討状況（小松正之、川崎龍宣）
第4回	2020年 9月25日（金） WEB会議	・「河川流域・沿岸における総合土砂管理の現状と今後　環境・水産との連携」（横山勝英） ・「近年における海水温上昇が海洋及び水産資源に及ぼす影響」（蓮沼啓一、海洋総合研究所社長 ・「海洋水産資源の国民共有財産化法案と提言実行のメリットについて」ワーキング・グループ報告（小松正之）
第5回	2020年 10月23日（金） WEB会議	1.　海洋水産資源に関する独立研究機関について (1)「日本におけるシンクタンクの課題と展望」（亀井善太郎） (2)「海外と日本の海洋水産関係の研究機関」（帰山雅秀、川崎龍宣、小松正之） 2.　国民共有財産化法案と論点・提言実行のメリットについて（前回のフォローアップ、小松正之）
第6回	2020年 11月20日（金） WEB会議	・「広島湾における牡蠣養殖業の現状と課題」（平田靖、平田水産技術コンサルティング代表） ・「瀬戸内海の現状とあるべき姿」（砂川雄一、合食社長） ・「芦田川河口堰の開放」（大田祐介、福山市議会議員） ・「瀬戸内海環境保全特別措置法及び同法施行後の動向」（川崎龍宣） ・「瀬戸内海環境保全特別措置法改正への提言」（小松正之）

第7回	2020年 12月25日（金） WEB会議	・「PICES（北太平洋海洋科学機構）の取組・展望とブルーカーボン（海洋への二酸化炭素の蓄積）」（鈴木伸明、水産庁研究指導課研究管理官） ・「議員立法による海洋基本法の制定」（寺島紘士）・「議員立法の説明」（川﨑龍宣、小松正之）
第8回	2021年 1月22日（金） WEB会議	・「日米で大きく異なる企業生態」（平泉信之） ・「日米豪の水産庁組織比較」（川﨑龍宣、小松正之）
第9回	2021年 2月26日（金） WEB会議	・「海岸保全の現状と課題」（田中敬也、国土交通省国土保全局海岸室長） ・「海洋基本法の第25条「沿岸域総合的管理」の実施の現状と今後の課題」（寺島紘士）
第10回	2021年 3月26日（金） WEB会議	・「陸前高田市古川沼湿地帯造成と広田湾再生プロジェクト（古川沼と広田湾のトンネル連結計画を含む）」（小松正之） ・「北太平洋サケ・マス資源と資源減少ダイナミックス：サハリン州国際サケ・マス会議報告」（帰山雅秀・小松正之）
第11回	2021年 4月23日（金） WEB会議	・「干潟・内湾・河口域のワイズユース」（松政正俊、岩手医科大学教授）・「陸前高田市の小友浦と古川沼の現状」（小松正之）
第12回	2021年 5月28日（金） WEB会議	・「自然資源公物論」（三浦大介、神奈川大学法学部教授） ・「福島第一原発の放射能処理水の海洋放出と温暖化と海洋生態系への影響」（小松正之）
第13回	2021年 6月25日（金） WEB会議	・「流域治水の推進について」（井上智夫、国土交通省水管理・国土保全局長）・「2020年漁業・養殖業生産量（速報値）について」（川﨑龍宣）

第3節　第2次中間論点・提言に至る研究

研究会では、第1次の中間論点・提言を受けて、それらの提言をさらに可能な範囲で深堀りし、かつ、第1次中間論点・提言では十分に研究できなかった点に関して、検討した。その結果、以下のような問題認識と第2次論点・提言に導く議論展開を行った。

1. 生態系の管理保全に不可欠なホリスティックなアプローチを実現する組織と人事へ

企業や官庁の組織的な問題と日本人の思考・精神作用（メンタリティー）上の問題点に関して、研究会で、ほぼ毎回議論の対象・検討となった。

各省庁、研究機関は「同質型の組織の存続・維持が目的の組織」（ゲマインシャフト型）と「利益を上げ社会の公平・公正に貢献する組織」（ゲゼルシャフト型）に分けられ、前者の組織は組織内の小集団が、その小集団の利益のために団結し、組織そのものと雇用維持を目的とした組織として会社と省庁の下に結束するが、その長は、その小集団の利益の調整に当る。一方、後者のゲゼルシャフト型では組織が利益を上げて、株主と社会に貢献するために専門知識と技能を必要とするが、前者では、組織への忠誠心が最も顕著な特性となる。

我が国の省庁も、結果的にその組織の利益と自らの人事・雇用の維持を支えるために活動し、普段に求められる組織外の社会的公平と公正（民間企業であれば株主に対する利益の配

7-S枠組に見る日米企業

7-S	日本企業	米国企業
上位目標	存続を目的とする共同体（ゲマインシャフト）	株主価値最大化を目的とする合目的的組織（ゲゼルシャフト）、儲からねば解散
戦略	コスト・リーダーシップ（⇒同質競争／競争の収斂）、多角化	差別化／ニッチ、M&A
組織	● ボトムアップ：課＞部＞事業部＞部門＞会社 ● 採用・教育・配置・評価・昇進を掌る機能別「部門」による統合	● トップ・ダウンとそれを支える「政治任用」の経営幹部 ● ボスによる採用・指揮命令（御恩）とボスへの忠誠・報告（奉公）
制度	● ヒト＝内部労働市場； ● モノ＝系列取引； ● カネ＝メインバンク	● ヒト＝労働市場； ● モノ＝財・サービス市場； ● カネ＝CP・社債・株式市場
経営スタイル	リーダーは部門間の利害調整者	リーダーはヴィジョンを持った変革推進者（change agent）
人材	共同体の構成員	仕様（資格・要件）を満たした「部品」
技能	特定企業の広範な技能	汎用的専門技能

7-S出典：Waterman, Robert H. Jr., Thomas J. Peters, & Julien R. Phillips (1980) "Structure Is Not Organization" Business Horizons, June 1980　6

図５
（研究会資料から一部を引用）

分）を、すなわち、一般国民への利益の還元ではなく、自分たちの組織・雇用の維持を優先する。自身が担当する産業界の利益は、公益ではなくて、役人が将来天下る先を確保する自らの利益を求めることを意味する。

更に、伝統的に日本の省庁体制は長らく供給者毎に設置されてきており、農林水産省も食の安全の問題を契機に、現在の消費・安全局が設置され、消費者行政も担うこととなったが、依然として、官僚機構においては、本来担うべき食糧安全保障を含めた一般国民への利益の還元ではなく、供給者の立場に立った行政である。

研究会では毎回、異なったテーマでの検討をしたが、以下の問題点が共通して議論に登場してきた。日本では、政府、研究機関と自治体も包括的、多方面機能・相互関連（マルチ・デシプリナリー）性がみられない。相互の連携と協力並びにトップのリーダーシップに欠けており、局所的、縦割りの組織と研究対象の分野が限定的である。また、現場経験が不足し、科学的データの蓄積が少なく、かつ欧米に比べて専門性の深度が浅く、かつ，不足する。それらは日本が現在直面している問題と課題の解決を困難にしているとの意見・見解である。

そのことは行政組織の中でも明らかであり、農林水産省・水産庁、環境省、経済産業省と国土交通省の組織と役人そのものが基本的に、現場力と専門性が不足し、相互連関と協力関係がなく、また、それぞれの組織内でも相互の連関と関係が薄い。

例えば国土交通省が主として役割を担っている総合海洋政策本部も各省庁からの出向者で構成され、それぞれの出身官庁の業務の範囲内で、それぞれのセクションが縦割りで行動する。事務局長も「書類を重ねるなど」の調整役でしかなく、実質の問題にシナジー効果を求めることは期待できない。従って海洋基本計画も、沿岸域総合管理は各省の相互協力が必要とされるが、未だにその機能を果たしたことがないと考えられる。内閣府や官邸ないしは政治がそのために統括・包括する役割を担う必要性が高いが、そうなっていないことが政治の大きな課題である。

国土交通省は、旧建設省、旧運輸省と旧国土庁が統合されたが、結局はその組織が統合によるシナジー効果を十分に発揮しているとは見えない。国土は森林・農地と都市部の陸域、河川・湖沼、海岸・沿岸域と領海と排他的経済水域から構成される。しかしながら我が国にはこれらの国土全体を包括的にとらえた政策がない。旧国土庁は国土の開発の面に偏ってはいたが、土地政策の面から国土を包括的にとらえようとした。しかし、その場合であっても森林、農地、湖沼、河川と海域の概念は不足した。現在は地球温暖化と生態系・生物多様性と自然再生のニーズが高まり国土をさらにいっそう包括的、立体的にとらえることが必要とされる。現在の国土交通省の国土計画局は、国土形成計画法（国土総合開発法の抜本的改正により成立。2005年・平成17年）に基づき「国土形成計画」を策定しているが、県境を越えた広域の地域対策が主たるもので、陸、川と海の生態系と生物多様性並びに自然再生概念と目的は取り入れられていない。

上述の要素に鑑み、今後は、それらの間をつなぐ、二酸化炭素、酸素、エネルギー、水量・水質の水と土砂・土壌の循環を精査する必要がある。これは自然資産の資産会計と自然資源のフローを分析、吟味することに他ならない。これらのことは国土交通省の単独の範囲を超え、各省間の連携と官邸のリーダーシップが必須である。

このことに関連して、森川海に関する法律の体系も相互の関連と補完がなくバラバラである。それぞれの法律の間の統合と調整がとれていない。森林と河川と海岸は全く独自に法律が機能し、生態系の保全の概念と環境アセスメント（防災事業は環境アセスメントの適用の除外であることの問題）の要求度も不足する。

官邸のリーダーシップが発揮されたケースが少ない。

2021年4月の国土交通省の「流域治水関連法」は同省内の対策を横断的に取り入れており、その対応は賞賛に値する。

また、2050年までの地球温暖化対策は、エネルギー基本計画（2021年7月21日）のエネルギーミックス実効性に疑問が残るものの、リーダーシップの一例として挙げられる。また､コロナ対策では､官邸のリーダーシップ上の課題が多く見られている。これは、各府省間の総合調整を担うべき内閣官房（とくに内閣官房長官）のリーダーシップ不足、感染抑制と経済活動といった相克する事象を担当する閣僚による説明不足・検討不足、政治家と専門家の役割分担を担うべき官僚の専門性の低下等が主な理由と考えられる。

2. 海洋と水産資源は国民共有の財産であれば現在の矛盾は解決

2014年の水循環基本法（平成26年法律）で水資源はすでに国民共有の財産とされている。

水循環基本法第3条第2項では「水が国民共有の貴重な財産であり、公共性の高いものであることに鑑み、水については、その適正な利用が行われるとともに、全ての国民がその恵沢を将来にわたって享受できることが確保されなければならない。」とされた。

国民共有の財産としての海洋と水産資源を内包する水資源の重要性の指摘である。

民主党・菅直人内閣は規制・制度改革に係る追加方針2011年（平成23年）7月22日 閣議で「水産基本法の

掲げる水産資源の適切な保存及び管理の実現を図ることの重要性に鑑み、**我が国の排他的経済水域内の「水産資源は国民共通の財産」である**との理念の下、資源管理に計画的に取り組む漁業者を対象として平成23年度から導入した「資源管理・漁業所得補償対策」の早急な定着を図ること等を通じて、水産資源の回復に向けた資源管理の強化を実現する。」と決定した。

1898年（明治31年）民法第239条第1項による「無主物先占」は国際的な規範と国民の理解に合致せず

海洋生物資源は、民法上は「無主物先占」（民法239条）であって、これはいち早く獲ったもの勝ちを助長する。国連海洋法の第61条と第62条では、沿岸国は主権的管轄権を有すると規定し、沿岸国政府に科学的な根拠に基づく資源管理を義務付けている。米国、豪州やノルウェーとニュージーランドでは国民共有の財産とされるか、国民の信託を受けて国家が管理するとされている。

日本は漁業法に基づき、漁業権と入漁権が設定されている場所では、漁業権者と入漁権者の同意をもって開発行為が進んだ。

公有水面埋立法（大正10年法律）は、公有水面を埋め立てる際には漁業権者と入漁権者（双方とも物権の所有者）の同意が必要との規定を置く。漁業者と入漁権者とのみ交渉した方が海岸の埋め立てが結果的に進んだ現実があった。

日本の高度経済成長期に沿岸域の良好な浅海域の優良漁場（東京湾、大阪湾、伊勢湾、瀬戸内海と洞海湾）が工業地帯として埋め立てられた。我が国の海岸・海浜はすでに、これらの地域では50％以上が、伊勢湾、東京湾と大阪湾の特定の内湾では90％以上が埋め立てられた。「海洋と水産資源は国民共有の財産」とすることによって、漁業権者と入漁権者の同意を超えた国民の基本的同意を必要とする環境アセスメントを例外なく義務付ける時代ではないのかと考えられる。

また、我が国では沿岸域管理法が存在しないことが問題として議論された。海洋基本法第21条で沿岸域の管理の推進が定められたが、現実には、海洋基本法には強制力が不足し、その条項が何ら機能していない。

自然環境と生物多様性の破壊に対して脆弱な法体系（自然資源公有論から見た課題）

陸・海の生態系の関係性と重要性に関して、国内法上の観点から、自然資源公有論（すなわち海洋と水産資源は国民共有の財産とすること）を検討した（三浦大介神奈川大学教授）。

日本の海洋と水産資源を形成する源が森と川と海であることは論を待たないが、それらを保護すべき森林法、農地法、河川法、海岸法と漁業法と環境影響評価法など

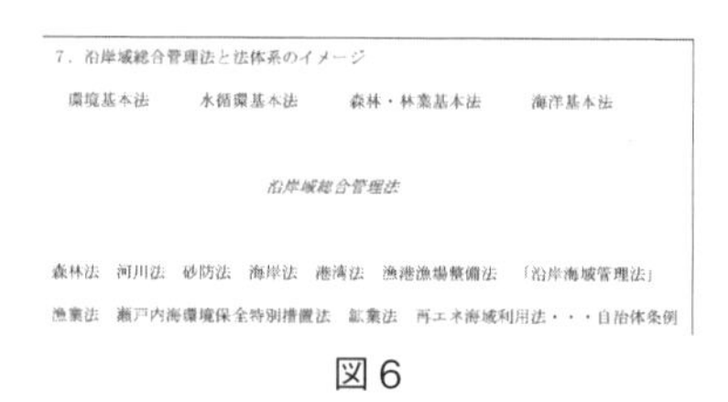

図6

の自然保護と生物多様性の保護に関して相互に補う関連がない。

また、環境保護と生物の多様性の保全は最近の改正でこれらの法律にも取り込まれているが、河川堤防や海岸堤防を建設する際に環境アセスメントを実施することが義務付けられていない。高度経済成長の名残で、環境影響評価の実施が適用除外とされている。これが公共事業や開発行為を促進する役割を果たし、他方で容易に自然、環境と生物多様性・生態系の破壊と喪失が起こっている。これらの自然保護関連法が諸外国に比較しても、産業開発と防災建築に対して脆弱である。

環境アセスメントの取組みも不足
(環境影響評価法の例外頻発問題)

環境影響評価法も、防災建設（最近では風力発電機の設置もアセスメント実施を適用させない）でアセスメントをしなくてもよい例外を認め、東日本大震災後の巨大堤防の建設などに関して、環境アセスメントを実施しなかった。その建設が、緊急を要し、原状復帰であるとの説明も付け加えられた。

これに対しては、岩手県の学識経験者からはアセスメントの必要性の指摘などの批判も寄せられた。同様に陸前高田市の小友浦の干潟の残土処理も、陸前高田市が環境省の希少種干潟としての認定や、日本ベントス学会・自然保護部会の反対と懸念表明を押し切り実施された（2020年９月にNHKでも報道）。

3. 陸川海の豊かな資源をつなぐ各種機能への認識が大きく不足、海は排出地として軽視される

本来、第１次中間論点でも問題提起した通り、海洋生態系の保護と活用に関するステークホルダーは国民全般の多岐に亘る。森林から水資源が運搬する水と土壌・土砂そのものの量と質が河川とその周辺の土壌並びに海洋へ豊かな恩恵をもたらす。

運搬される水は「生物多様性と栄養に富んだ水資源」であり、これらが決定的に単なる物理水（H_2O）とは異なる。

海水温の上昇が懸念され、2100年までに水温上昇などで、最大で25％の漁業生産量を失うことが予想されている（2019年「変化する気候下での海洋・雪氷圏に関するIPCC特別報告書」）。

また、水はH_2O中に栄養分や多様な無生物と生物種を含みウイルス、バクテリア、プランクトン、ネクトン、プロトゾア、ベントス生物ならびにミネラルから構成される豊かな生物多様性と生態系を形づくり、また、無生物と生物の間をつなぐ。

また、水（H_2O）は通常、大気に比べてその熱量容量

図７（松政正俊　岩手医科大学教授「干潟・内湾・河口域のワイズユース」より）

が大きく、河川水、伏流水と地下水も年間を通じて13~15℃程度（地域によっては若干変化）で安定しており水（H_2O）を物理運搬することにより、熱量を安定して、陸域から海域に運び入れる。これらの陸域からの河川水、伏流水や地下水の淡水起源の水量は、沿岸域の海水温の安定に寄与する。従って夏の高温時には、河川水などの陸水が沿岸域の海洋水の上昇を抑制する効果がある。

海水は、膨大な熱容量を持つために、軽水炉型原子力発電所や火力発電所の冷却水としても使用される。一度280℃から440℃の原子炉と火力の熱炉を通過した海水は生物が斃死し、生物多様性を失った「死に水」となって海洋に流れ込む。

その他にも、製鉄所、製紙工場や都市排水処理施設からの排水、また、農業廃水に含まれる過肥料、除草剤や除虫材など農薬と河川工事の土砂も海水の汚染源である。

土砂の管理も無責任に

土砂も水と同様に河川を通過して源流と分水嶺から、

海岸の下流域まで流動するが、これらに関しては国土交通省が「総合土砂管理」を策定している。これを通過する土砂を「流砂系」と呼び、一貫系として土砂移動を把握し、土砂移動に関して必要な対策を講じることとされているが、そのような対策は生物多様性の確保、流水の適切な質の維持から見ると不十分である。ダムと砂防ダムには土砂が流れ込み、堆積して、ダムの機能を減じるほか、下流域への土砂の流下も阻害してしまう。その結果、海岸での砂浜に河川を通じて運ばれる砂が減少する。大型の岩石が砂防ダムでせき止められることも多い。

また、河川内では河床から砂の採取が行われているが、これを禁止ないしはコントロールする法律の整備が十分ではない。また、海浜では砂浜の砂の流出が問題となっており、河川や海岸並びに海底の土砂の採取が後を絶たない。一方で、他の山砂を運搬し、海浜が人工的に造成され、環境が変化する例が見られる。これらの行為は、海洋や河川の生物資源と生物の多様性並びに資源の再生産にも悪影響を及ぼしている。世界では砂を商売とするビジネスが横行する。ビルの建築資材としてセメントとともにコンクリートとアスファルトとともに道路建設資材にも多量に使われている。

4. 海洋生態系アプローチに必要な基盤となるデータは未整備

諸外国の生態系保全のアプローチと地球温暖化対策では基本的に、現在の新型コロナウイルス感染症の将来の疫学的対策でも明らかにされたが、基本データが最重要である（ドイツのメルケル首相；ドイツ/WHOの感染病研究所の設立に際しての発言）。

米国政府NOAAは海洋生態系管理や地球温暖化対策のための政策の策定には、調査研究とそのベースとなるデータの収集が必要であることを明文化している。

改正漁業法では、漁獲データの提出の義務付けと罰則規定も強化されたが、現実に明確な規定がない。漁業法に定めても漁業者からのデータ提出がなされない。

大臣許可漁業ではすべてのデータをデジタル化し、漁獲後に瞬時に取締り当局に報告することが必要である。ITQに必要なこれらのデータを科学評価するためにタイムリーに提供することが不可欠であるが、これがなされていない。

漁業権漁業では沿岸の漁業協同組合が漁業者に成り代わり、そのデータを提供することが漁業法と漁業調整規則では定められている。これでは漁業者と養殖業者ではなく、漁協が都道府県知事に報告することになる。漁協には物理的のその能力がなく、売り上げ伝票で報告を代用する。これでは漁獲報告とは言えない。自ら報告しない漁業はIUU（違法・無報告・無規制）漁業の疑いが高い。漁業の資源評価には使えない。

海洋生態系の管理で重要なものは、漁獲や混獲のデータと生息域（ハビタット）データである。日本では、沿岸域の基礎調査と海洋生態系の調査をほとんど行ってこなかった。水産庁は沿岸域の海洋環境や生息域に関するデータなどの基本的調査データを漁協任せとし、収集していない。国土交通省も沿岸域では港湾や空港と湾口防波堤関連しか調査しなかった。

大学や官庁の研究者の研究では干潟や藻場とベントスなどの研究が行われ、高い水準の調査結果が得られたが、特に大学の研究者はそれを行政や政治に反映する行動に結びつけることをおろそかにし、行政の研究者ははっきりと科学に基づき主張することが不足した。

一般市民や地方自治体への説明も不足した。その中で陸前高田市・小友浦の残土処理が、日本ベントス学会の生態系委員会の陸前高田市への公開質問の提出により、広く国民に知られた。地道な科学的な研究の成果と言えよう。また、気仙沼市舞根湾の堤防の撤去も地道な科学的研究と地元とのタイアップがみられた。

このように海洋生態系のデータと研究が力を発揮する状況を担保することが、あらゆるレベルで模索されるべきである。放置行為が開発行為と防災予算執行による環境と生態系への悪影響ひいては地球温暖化への悪影響につながりかねないことを認識するべきである。

農林水産省、水産庁、水産研究・教育機構では、法律等に基づく温暖化と生態系の管理を取り扱う独立部局もないし、温暖化・生態系管理の包括的な取り扱いを定めた法律も見当たらない。

5.「海洋への排出2050年までのゼロ・エミッションへ」を主題に海洋生態系の調査・研究の着手と充実を

基本的には、これまでおろそかにしてきた沿岸域の再生のために、「沿岸域総合管理法―沿岸域のゼロ・エミッションを含む」を制定するべきである。これは沿岸域の生態系のデータの収集、そのための科学調査と資源調査、生息域の調査が主体となろう。特に失った藻場や干潟の影響調査、原発、陸上工場・火力発電所からの温排水などの影響調査などを至急に実施することではないか。いわゆる、埋め立て、工場・都市排水汚染、温排水・放射能汚染水、温暖化、酸性化並びに湿地帯・干潟の生物多様性の喪失が問題視される。これらにより海洋・沿岸域の強靭性と生産力が弱体化してきており、地球温暖化や台風・干ばつの発生や漁業生産量の減少を招いている。海水浴適地と景観が豊かな地を失っている。

これらに歯止めをかけるため、大気の二酸化炭素の排出の削減に倣い、海洋版の海洋への排出物をゼロにする

「2050年までの海洋へのゼロ・エミッション」目標を策定することが急務である。これを行政と研究の目標することである。

なお、日本では制定されないが海外各国は沿岸域総合管理法を制定している。我が国でも日本版の沿岸域総合管理法を制定するべきである。同法の下でも、陸・海域の干潟・湿地帯、砂州や河口域と海岸線を面としてとらえ、地下水を含め、垂直と水平の海洋生態系の研究・調査を充実するべきである。

ところで、2009年に成立した海洋基本法は陸域と海洋の総合管理の重要性をその条文で明記し、それを国の義務としているが、一向に沿岸域の総合管理がなされる様子はない。当時は議員立法で海洋に関する一括的包括的政策の遂行の必要性に迫られた。バラバラな政策が国土交通省、農林水産省、環境省と文部科学省と経済産業省などに点在していたので、海洋政策を包括的に統合し実行することを目標とし、その旨を法律に盛ったが、実行が伴わなかった。

沿岸域の管理を考える際に海岸法でいう汀線から陸と海への50メートルでは、汽水域、湿地帯も沿岸の傾斜域もカバーできないので、必要な波打際の重要な生態系を保護し育成し、生物多様性の向上と生物生産に寄与することが不可能となる。50メートルの範囲を超えて、干潟や湿地帯などの自然の海岸・海浜の形成を斟酌して個々に決定するべきではないか。

また、海洋はウイルスが総生物資源量の10％以上を占めるといわれる。それにバクテリア、動植物プランクトン、プロトゾア（原生動物）、ベントス（底生動植物）、小型魚類、大型魚類と鯨類・海産哺乳動物がいる。そのほかにもカイアシ類とサルパ類さらには海底の深くに生息する各種生物も多い。沿岸域には貝類と膨大な海藻類も多い。

その他にも生物の死骸や破片に加えて、海水中に溶解する気体（二酸化炭素と酸素並びに窒素）などがある。ともすれば、我が国の場合、直接に商業的な価値のある生物種の資源の調査は実施するが、それ以外の経済的価値を見い出せないものには関心を寄せない。米国の大学や研究機関では直接商業利益を生まないものも研究が盛んである。いわば日本では海洋と水産資源の基礎研究がおろそかになっている。

沿岸域の干潟、湿地帯と河口域におけるベントス（底生生物）は希少動植物として、また絶滅の危機にある貴重な生物として環境省のレッドリストなどに掲載されても、地方自治体が無視し干潟の埋め立てや湿地帯を破壊した例がある（例えば、陸前高田市の小友浦の干潟への工事残土の投棄や古川沼を埋め立て造成地に震災記念館と道の駅を建設した）。

自然についての行政や公共事業サイドからの軽視に対して科学者ができることは、基本をわかりやすく一般人が興味を持つようにベントス生物を含む生態系の動植物や微生物を説明することである。また、生物に国連で採用される「自然資本会計、環境経済総合勘定（SEEA）」を適用して、経済的価値で表現することが重要である。自然科学と経済学・経営学研究者は協力して、それを実行する使命がある。

海洋生態系のトップに位置する海産哺乳動・鯨類の果たす位置づけが非常に重要となる。すなわち地球温暖化・海洋生態系や海洋汚染の解明に貢献する鯨類科学・捕獲調査が単なる捕獲を目的とする商業捕鯨に比べてますます重要になる（捕食の関係を通じて、食物連鎖、水産資源管理に加えて、放射性物質、二酸化炭素の蓄積過程とそのフローを研究する）。そのためには国際捕鯨取締条約を活用することが重要で、脱退の状態ではこれが不可能である。

ウイルスの役割もほとんど解明がされていない。しかし、今後は水産業と海洋生物の分野においても、これらウイルスの果たす役割が大きい。ウイルスは海洋における総生物資源量の約10％を占め、その粒子量は10の35

乗個といわれ、生物の分解や生成などに大きな役割を果たしている。

また、海洋の中層域での中層魚並びにえさ生物であるカイアシ、サルパ類並びに浮遊生物のクラゲ類の研究もほとんどない。

養殖生産に伴って付着する外来魚種、沿岸魚種・海藻類やカニ類の生態系の解明も全く進んでいない。カキなどの養殖生産の付着物を駆除することによる海洋生態系や海底生物に対する影響も全く未知の分野である。

6. 環境調和型のグリーン・プロジェクト「逆土木」への世界と日本の動き

６月には国土交通省が「流域治水関連法」により、コンクリートの堤防で水を封じ込め、ダムへの貯水で水害の防災に対処するとの考えの方向転換を示したことは画期的である。貯水池や農業用のため池を活用し、危険地域からの移住を促進するための保険・保障制度を充実させた。また、霞堤防の活用を提示しているが、これらは日本の古くからの自然の活用型の防水主体である。しかしながら今後ますます大きくなる地球環境変動や異常気象に対応して西洋諸国が取り入れたNBSやEWN（自然活用型解決方策）の自然の力を防災に取り入れた手法からはまだ遠く、水を河川に閉じ込めて対策を講じることからは転換したが、堤防やダム並び貯水池の活用などハード中心の防災である従来のやり方を変え、もっと広がりを持たせた自然活用、再生の事業とすべきである。

オランダ政府は６年ごとに分水嶺の流域ごとに地域委員会を設立し、EUとその分水嶺委員会での検討の結果に基づき分水嶺毎の防災を決定する。しかしながら、2050年を目標に置いた場合、海面上昇にも、ライン川の増水にも現在のダイク（河川堤防）ではどれ一つとして耐えられない。従って、自然を活用した防災を重視しているとしている。そして６年ごとにその計画を見直しすることも義務付けている。

我が国では、規模は小規模ではあるが、宮城県気仙沼市舞根湾河口域での河川堤防を破壊し湿地帯に河川水を入れ込んだ例があり、一度建設された堤防を震災後に不要になったとは言え、自然再生のために一部を撤去した例はこれ以外になく、特筆される（東京都立大学　横山勝英教授）。

湿地帯や砂州に堤防を造成することは、その場の自然の生物多様性や再生産力を低下、喪失させることが知られている（米国NOAAとスミソニアン環境研究所論文）。岩手県と陸前高田市は高田松原の2kmにわたり、単に防災を目的として護岸･堤防を建設した。これによって、汽水域であった古川沼と広田湾の切り離しが環境影響評価もなく強制的に行われた。

これらに対して、米国スミソニアン環境研究所・アンダーウッド社はstream restoration（流域再生・回復）の概念と経験を陸前高田市の古川沼水系と小友浦での再生に向けて提示した。合わせて、宮城県石巻市万石浦と諫早湾の短期開門調査の結果を踏まえて、陸前高田市の高田松原の堤防に水門を建設することで広田湾の海水と古川沼の汽水・淡水域の水と栄養との交流を促す提案がある。防災事業で得られるとみられるメリットと環境と生態系への悪影響のデメリットが、防災一辺倒での防災施設の建設を超えて、複合的に提供された例であって、陸前高田市民と市役所から賛否が表明された。

コンクリートでの建設プロジェクトは、建設時に、その強度と機能にピークがあり､防災の機能も最大になる。しかし、物理的耐用年数は50年と言われコンクリートも風化する。

オランダやEUと米国やユネスコなどの国際機関では、グリーン・プロジェクトとして樹木などの植物の成長を活用したり、海浜や河口域での流砂の蓄積による自然堤防を活用する。これは、計画時と建設時から年数が経過するほど完成度が高まる。

また、この場合、計画に基づく建設・施工のモニターが必要な一方、維持管理と自然環境や人為的な変化による設計や運用の変更などのニーズが起こる。グレープロジェクトが建設時に多額の費用が必要となるのに比べてグリーン・プロジェクトでは予算が毎年緩やかに必要となる。このような事業とニーズを、本研究会では「逆土木」と呼び、このような類似の概念と事業を諸外国では「グリーン・プロジェクト」と呼ぶほか「NBS；Nature Based Solutions」と「EWN：Engineering with Nature」と呼んでいる。

この方がプロジェクト建設だけにとどまらず、河川全体の「分水嶺」と「海岸と沿岸域」を総合的にかつ包括的に見た場合、防災にも漁業や農業、林業などの産業振興と、観光ないし科学・調査研究にも適切で、経済的な価値も高いものであると考えられる。

7. 海洋生態系の保全と管理のために不可欠な譲渡可能個別漁獲割当（ITQ）制度の導入のメリットは地球温暖化対策・二酸化炭素の削減にも貢献

水産庁は科学的な資源評価を充実させる意向を示し2023年（令和５年）までに、ABCの対象魚種を200種程度（系統群を含むと解される）に増加する予定である（改正漁業法第９条４項）。この点に関しては、日本経済調査協議会第２次水産業改革委員会の提言と本論点が効果をもたらしたと考える。また、ITQの導入に関しては、改正漁業法では漁獲割当量の移転が、農林水産大臣または都道府県知事の認可を受けた時に限り、これを認めることとされた（法第21条と法第22条）。しかしながら、これらの移転に該当する基準作りが全く進んでいない。これらの早急な設定が必要である。

ITQの導入は、燃費の節減や無駄な操業の排除によって、二酸化炭素の排出やその他排水の海洋への投棄も抑えられる。また、ITQの導入は資源の回復にも貢献する。資源が回復すれば、魚類など漁業資源中の炭素の蓄積と、それが食料として利用されることにつながり、空気中の二酸化炭素の削減に貢献する。

また、ITQの導入には漁獲量のモニターが必要条件であり、漁獲データの収集が必須である。また、ITQ導入後に米国では、経営の安定化と生態系の概念を導入するために必要な経営データの収集が進んでいる。さらには混獲種や微小枠のデータ他海洋生態系に関するデータの収集が進んでいる。これらを基に海洋生態系の研究がさらに進み、日米の差が広がっている。この差は政策面にも影響する。

8. 漁業・水産業の衰退に拍車をかけた水産予算の全面的な再編成へ

日本の水産政策は漁協中心の沿岸漁業者への経営の損失補填と沿岸域の施設の整備のハード事業に集中する。言わば、WTOの定義での非持続的補助金に該当する予算が大半を占めていると懸念される。技術イノベーション、科学調査研究、科学者の採用、漁獲データ収集体制の整備（オブザーバーの配置）、国際貿易の振興と消費者への情報提供などの対策に当てられるものはほとんどないに等しい。

水産加工業については、漁業と水産加工業は車の両輪と言われながらその予算額が3,000億円中、近年では僅か、10~20億円にとどまっている。水産加工業の国内生産額は漁業・養殖業の２倍の３兆円に達するが、予算はほとんど沿岸漁業に偏重している。

かつ海外からの水産加工業の原料の調達も輸入規制（輸入規制枠：IQ枠）の影響でできず、国内の水産加工業が衰退している。衰退する漁業・養殖業を保護する目的とは程遠く、IQ枠の保持者がその保持することを利権・既得権として、手数料収入を得ているという制度の悪弊を生じている。

海外からの水産物の輸入基準は、我が国においても、相手国の資源政策が持続的なルールの下で行われているのか、輸出国においても持続的な資源管理の下で資源が漁獲されて、その資源が輸出に回されているか否かである。

わが国の水産物のIQ（輸入割当）と関税制度は、戦後直後に、沿岸漁業者の保護を目的として導入された。これはその利用者の加工業者と消費者に不利益を与える。

9. 科学的根拠と国際法に則った政府と民間主体の複層的な外交が不可欠に

我が国はSDGsを含めて、国際合意の動向に、適切に反応･対応していないことは何度も研究会で提起された。検討会は森川海と人に関して、SDG2（飢餓をゼロに）、6（安全な水とトイレを）､14（海の豊かさを守ろう）と15（陸の豊かさを守ろう）に呼応した検討を重ねた。SDGsは「山地、森林、湿地、河川と帯水層（地下水）と湖沼を含む水に関する生態系の保護と回復を行うこと」（6.6）の他にも「海洋及び沿岸生態系を回復するための取組を行う」（14.2）、「陸の生態系を守ろう」（15.1）でも陸域生態系と内陸淡水生態系の回復保全を謳っている。

研究会はSDGsとの関連においても「河川流域と土砂の管理」､「海岸の管理」と「流域管理の在り方」を議論した。国交省の「流域治水」は画期的な前進であり、高く評価するが、それらのプログラムは欧米諸国の生態系管理や資源環境保護の考えに比べ、両立したり、取り入れが十分でなく、改善の余地があると認識した。

防災においては、人命や船舶などの財産を守るためにハードの施設であるにもかかわらず、河岸堤防、海岸堤防、漁港やダムなどの防災施設を守ることを重視する内容の法律になっている。

他方、SDGsでは上述のように陸、河川と海域の生態系を守ることを前面に掲げているが、我が国の防災施設は湿地帯や干潟などを埋め立てて建設されSDGsに反し、むしろ生態系や生物多様性の保護に反している。SDGsに関係する国内法としては生物多様性基本法、環境基本法、森林法、農地法、海岸法と河川法並びに漁業法がある。これらの法律には、自然保護・生態系の保全と生物多様性の保全が近年の改正で取り入れられてはいるが、防災施設の建設や開発行為が優先して自然保護は後回しになっている。

基本的にはこれらの法律の不備によって、欧米諸国では見られない防災建設と開発行為を止めることができない。

また、SDGsはそれがSDG1から17まで全体が包括的かつ相互関連と補完性に配慮することを求めているが、我が国の上述の法律は河川法や森林法などに相互の関連性と補完性はない。

したがって、SDGsを実行する際には、既存の省庁の枠組みを超えた相互の関連と乗り入れがますます必要である。

上記の法律の関連性を強化することが今後の政府の任務としてますます増すと考えられる。これらの法律を束ねるのは内閣府か内閣官房（どちらがいいのかは検討を要するが）で、このイニシアティブと実効性を担保することが必要である。その場合、法律の作成に関する既存のアプローチでは不十分で、各省にまたがる複数の法律を束ねるいわゆる「アンブレラとなる法律」（スウェーデンは自然保護関係法律を束ねた前例がある）を参考にしつつ、これを推進することが必要である。

一方、外交といっても、もはや政府ばかりがその主体ではない。研究機関やシンクタンク、NGOといった民間主体による対話が頻繁に行われることによって、国際世論の形成にも、日本のプレゼンスの向上にも寄与する。また、以下で示すように、独立した研究機関やシンクタンクの一つの機能は、自らの研究成果を踏まえて政策対話を重ねることであり、これによって、国際的な合意形成も可能となってくる。また、すでに資源管理や保全においてNGOは有力な担い手として活躍しており、彼らとの協働も有効な国際的な取組みの一手段である。

10. 独立した研究機関と日本を代表する研究機関の立ち上げの必要性

我が国の海洋水産研究の在り方については行政としては水産庁から独立した、つまり、真に国民の共有財産たる海洋水産資源の持続可能性を追求する立場に徹することができる「水産庁から独立した研究機関」を設置することについても検討を加えたまず、問題は水産資源の評価で、水産研究・教育機構の研究員が水産庁から独立していないことである。研究内容と結果に水産庁の介入を受けて、その結果を改変したり、行政に不都合なものを公表しないことが報告される。また、水産研究・教育機構本部の意向に沿って仕事が行われ、現場からの情報・意見が、本部に届かないとの不平も聞かれる。これらは予算や人員の配置の人事権が水産庁と研究所の本部にあり、現場の研究所の存在が希薄であるからである。

水産研究・教育機構の研究所は、この間、大幅な縮減を余儀なくされた。9研究所があったものが、2つの研究所（横浜と長崎）に統合された。これは、予算の削減が大きな理由とされている。水産庁予算は3000億円（令和元年、2年）を突破したが、漁業共済補償金、セーフティーネットと船舶の建造では漁業取締船の建造に重点が置かれて、調査研究予算は縮減された。水産庁によれば、調査研究予算は国内と国際資源並びに他の研究予算とも拡大した。しかしながら、研究所の削減が示すところは、研究費の削減である。

海洋・水産研究をつかさどる「水産研究・教育機構」は統合という名の縮小と機能の減退が進んでいる。人員と予算と研究所数が削減された。十分な議論と検討もなく、また、大局的研究目標の設定や広く公論に図ることもなく、一方で赤字の漁業者の救済の非持続的補助金が増加した。

研究対象も、温暖化、酸性化と海洋生態系の研究といったところが極めて弱く、さらには社会経済的観点と経営上の観点が不足している。国連海洋法、地域漁業機関に関する法律、ワシントン条約、生物多様性条約また、近年発効したポート・ステート・コントロールに関する国際条約などの研究分野も研究がおろそかである。これらに関する研究は率先して進めるべきである。

特に、政府から独立した研究機関のあり方については、欧米各国のシンクタンクの設立の目的や機能並びに現在の活動状況に関して検討を加えた。国内政策への適切な助言や外交方針の策定面でも諸外国の政府から独立したシンクタンクは政府内部の研究機関に並び重要な役割を果たしてきた。しかし、そのシンクタンクが我が国では西洋と異なる状況に置かれ、資金面でも人材面でも、我が国にシンクタンクの風土が十分に根付いていないことも明確となった。例えばシンクタンクと呼ばれる組織が政府の受託事業を引き受けているが、本来、独立したシンクタンクが担うべき「問いの設定」は各省が担っているのが現状である。これは、我が国にシンクタンクが根付いていない端的な例として挙げられよう。

独立したシンクタンクが実現すべきは、ホリスティック・アプローチである。海洋生態系の保全を考えれば当然のことだが、行政における事務系／技術系ばかりではなく、アカデミアにおいても学術領域を越えた交流が行われて、はじめて実現できるものとなる。また、シンクタンクは、既存のアカデミアの枠組みを越えて、知の交流を深めることを通じて、学術のみならず、社会的インパクトあるインサイトを作るための装置である。さらには、国境を越えた取り組みも求められ、民間セクター主体の国際対話の枠組みの提供（トラック2）も期待される。

シンクタンクにとって設立・運営資金のファンディングはパブリックなもので、情報を提供し、自らの付加価値を示すことを通じて、社会を説得し、獲得するものでなければならない。重要なのは、一部の業界の利益（プライベートな利益）という発想から、多様なステークホルダーによって構成される社会全体のパブリックな利益の追求という視点に転換していくことである。

資金源の独立については、日本経済の経済成長率が世界のそれに比べて低率であることから、将来の投資である研究機関とシンクタンクへの出資や資金の援助は、成長産業の分野（IT や新金融部分）に求める可能性は高いが、水産資源が次世代も含めた国民共有の財産であることを思い出し、政府・民間を問わず、資金拠出をしていく必要があろう。加えて、海洋水産資源の特性を踏まえれば、日本のみならず海外の企業や組織NPO（慈善的出資を行うNPO）に求めることも現実的な選択肢となろう。

第４節　上記の第３節研究の問題意識等を踏まえた第２次論点（提言）

上記を踏まえた第２次の論点（提言）は以下の通りである。この際、将来の展望と目標到達点を示す「上位に来るべき政策的目標」（論点1）を最初に提言としてまとめた。その後、その上位目標を実現する方針を提言（論点２から論点5）としてとりまとめ、最後には、それら

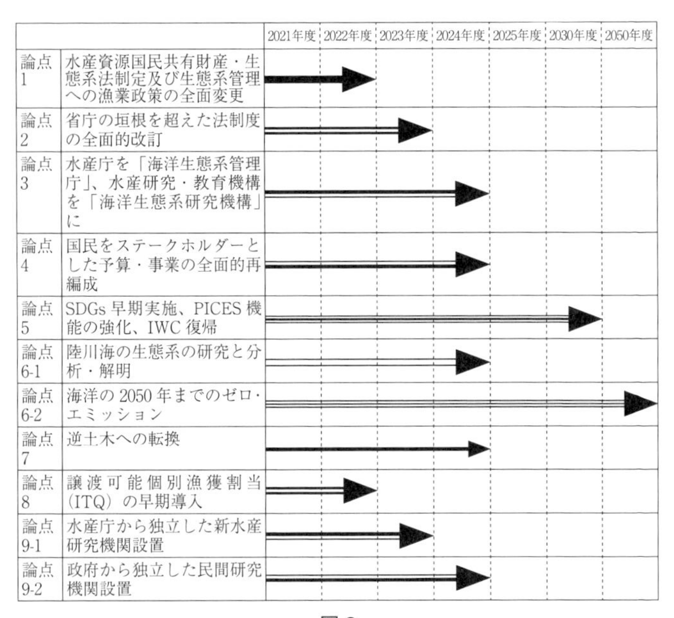

		2021年度	2022年度	2023年度	2024年度	2025年度	2030年度	2050年度
論点1	水産資源国民共有財産・生態系法制定及び生態系管理への漁業政策の全面変更							
論点2	省庁の垣根を超えた法制度の全面的改訂							
論点3	水産庁を「海洋生態系管理庁」、水産研究・教育機構を「海洋生態系研究機構」に							
論点4	国民をステークホルダーとした予算・事業の全面的再編成							
論点5	SDGs早期実施、PICES機能の強化、IWC復帰							
論点6-1	陸川海の生態系の研究と分析・解明							
論点6-2	海洋の2050年までのゼロ・エミッション							
論点7	逆土木への転換							
論点8	譲渡可能個別漁獲割当（ITQ）の早期導入							
論点9-1	水産庁から独立した新水産研究機関設置							
論点9-2	政府から独立した民間研究機関設置							

図８

を実現する行動計画としての提言（論点をまとめた。また図８にタイムスケジュールを示した。

1. 上位目標としての論点

組織の将来目標を達成するために最も重要で上位に位置づけられる目標（上位目標；Superordinate Goal)、戦略(Strategy）並びに組織（Structure）として論点１を提案する。

論点１　海洋水産資源（漁業資源を含む海洋生態系）は国民共有の財産と新漁業法制度ないしは独立の法律に明記せよ。すべての国民、消費者、NGO と科学者をステークホルダー（利害関係者）として、国民全体に対してその政策の説明責任を果たせ。

日本政府（水産庁）は、漁業政策を根本から改めて、海洋資源生態系（地球温暖化対策を含む）の管理の政策に全面的に転換せよ。

①水産庁の漁業・養殖業の管理政策は江戸時代と明治漁業法（1910 年法律）にその根源を持つ。科学的根拠がない時代の、沿岸専用・地先漁場がその部落の有力者・封建社会の資本家の所有物との古い慣行、漁業権に基づいている。

1996年、我が国は国連海洋法を批准した。科学的根拠も明確な現在において、旧慣行の漁業権制度は廃棄が適切である。

②また、持続利用原則の概念の無かった1898年（明治31年）に制定された民法第239条で水産資源は「無主物先占」であったが、これがいわゆる「Race for Fish」（乱獲競争）をもたらした。これも廃すべきである。

③ 2014年（平成26年）水循環基本法に倣い水産資源は国民共有の財産と法律で明記する事。既に2011年（平成23年）、政府は「水産資源は国民共通の財産」と閣議決定している。

④今後の地球温暖化対策と海洋生態系の回復と改善は政策上ますます重要となる。従前の漁業・養殖業政策を変更し、包括的な海洋生態系に関する政策・行政と研究に移行すること。

2. 上位目標を実現するための手段

新法律の策定・法改正を含む行政の政策・研究政策の新たな立案、組織の再編、人事方針の変更と予算の組み換え

論点２　省庁の垣根を超えた既存法（改正漁業法、水産基本法、漁港法、農地法、河川法、海岸法、森林法など

環境影響評価法など）の自然・生態系回復・保護関連法の自然保護と海洋生態系の回復のための各法律と法律間の相互関連の見直しと環境影響評価の確実な実行のための法制度の全面的な総レビューと大胆な改訂、必要に応じて「海洋水産資源ないし海洋生態系の国民共有化法」など新立法を行え。

①最も重要な法律は「海洋水産資源と海洋生態系を国民共有の財産」と立法で位置づけることであり、単独法が好ましい。

②河川法、森林法等の統合的改正については必要なアンブレラ法（統括的傘法；スウェーデンの1987年自然資源管理法を（注）参照）を導入し、その下部法として、上述の各個別法で生物多様性の強化と環境保護を強化する。

③環境影響評価法の適用除外は、産業振興の優先で、自然と環境の破壊を促進し、自然環境の保護を軽視した。これを廃止する。

（注）スウェーデンの1987年自然資源管理法は、第1章の初めに、自然保全法と環境保護法を列挙し、本法がその個別法に依って実施されることを宣言している。

論点3　現在の生産者と漁業・養殖業の生産に重点を置いた行政と研究から、国内外の消費やマーケットに重点を移行し、かつ特定の商業種の魚種を対象とした行政と研究から、海洋生態系内の種と環境を対象とする内容に変更するため、水産庁を「海洋生態系管理庁」(仮称)、水産研究・教育機構を「海洋生態系研究機構」に組織変更にする。

これまで、農林水産業に産業活動の放棄や縮小を求めてきた第２次産業重視政策から海洋水産資源の持続的開発と保護を主体とする考えに政府全体の政策の重心を移行すること。

①行政・研究機関及び民間機関とも我が国では範囲が狭い限定的な社会とのつながりが特徴で、広範囲の専門性と知識が不足傾向で、組織内と省庁間の連携と協力が不足する。

我が国は環境と生態系の保護に重点を移行する必要があり、水産庁にあっては、海洋生態系と地球温暖化並びに海洋汚染など環境問題への対応へ移行すべきで、これらの対応ができない限り、持続的な漁業と養殖への回復はおぼつかない。

②年功序列型、法律・経済職や水産と土木などの採用の職種と採用後の鍛錬が時代や社会並びに職業人としてのニーズに合うよう、農林水産省と水産庁ならびに研究所の任用・専門分野・中途採用･人事採用･ローテーション（法律や経済、

経営、物理や生物・化学の専門職の採用）や人事評価（降格人事と一度失敗の再評価人事）を根本的に変更すること。

論点４　水産予算でこれまで多額の予算を投じながら効果を上げなかった沿岸地区漁協とハード、漁業者への損失補填の予算から脱却し国民共有の財産としての海洋生態系の管理を推進するためにすべての国民をステークホルダー（利害関係者）として、水産政策に関与させよ。かつ国民の関心ある事項の実施のための予算・事業に全面的に再編成せよ。

①水産予算は５月に WTO のルール議長の提示した内容に照らせば、非持続的補助金に該当するものが多いと判断される。すなわち、予算を毎年 2,500~3,000 億円投入してきたが、漁業・養殖業は年々衰退した事実は重い。予算の目的、使途とその効果について、レビューを実施する必要がある。特に、漁業共済補填金、セーフティーネット並びに漁港の修繕や震災復興の公共事業での各種の交付金など精査し、また、慢性的な漁業経営の赤字が続いている事から、漁業関係の融資や信用保証も点検するべきである。

②水産予算が2019年と2020年に3,000億円を突破したが､調査研究費（水産研究所の施設建設費）が極めて疎かになっていることから、水産予算を漁港建設のハード予算からイノベーション、原発の温排水の影響、漁港・堤防の建設による影響の調査を含む海洋調査、および消費者への啓発普及調査に振り向けるべきである。

論点５　国際的合意であるSDGsの早期の実施や、北太平洋漁業資源保存条約（サンマ）では科学的根拠に基づく漁獲枠の設定をなすべきであり、国際捕鯨取締条約（IWC）に復帰しその下での北太平洋などでの海洋生態系の解明を急げ。

①国際的合意であるSDGsは陸海の生態系の持続的利用と開発並びにその保護と海洋汚染の防止を定める。取り分け、海洋生態系に関しては SDG6, 14と15の実施は不可欠である。
②外交の基本は、国際条約の尊重、科学的根拠の重視並びに説明責任を果たすことである。また、積極的に諸外国と意思の疎通を図ることである。北太平洋漁業委員会（サンマ）では情報の開示がおろそかである。
③国際捕鯨委員会（クジラ）では、国内事情を優

先し、かつ地道な外交努力をおろそかにし、国際捕鯨取締条約（ICRW）を脱退し非加盟国操業を実施し、国際的規範に沿った行動を我が国は取っていない。我が国は条約に復帰し国際捕鯨取締条約の非加盟国・IUU 操業の状況から抜け出す必要がある。

④ 2020 年の北西太平洋の海域での温暖化・温暖バルブの形成は過去にも数年継続して見られ、2021 年でも継続し、サンマやサケの漁獲の減少が継続する可能性が強い。都市化や開発行為並びにサケ・マス孵化放流事業の継続による遺伝子の劣化と不適合の問題がある。

また、北太平洋の科学国際機関である PICES が大西洋の ICES に比較して、重要魚種の資源の評価を実施しないなどの根本的な欠陥を抱える。PICES も ICES 並みの協力・機能の強化体制への構築を早急に進めるべきである。

3. 上位目標に対応し、政策と組織の方針を実現する行動実施計画

論点 6-1　陸川海の生態系の要素の基本的で継続的な研究と分析・解明、そしてそれら生態系の回復と強靭化に努めよ。政策と研究のベースとなる漁獲・科学データの提供と収集を義務付けよ。

①すべての科学的分析と評価をもたらす基本は漁獲データと科学データで、漁業権漁業でその科学評価に耐えうる適切なデータの提出がなされていない。

②海洋の環境研究・調査：ウイルス、バクテリア、ミネラル、プランクトンやネクトンといった生命の再生産の機構に関する研究を推進すること。

③温排水、汚染物質の影響調査の充実を急ぎ、生態系の最上位の鯨類の汚染、温排水と温暖化指標の研究並びに生態系サイクル研究を強化する。また、ネクトンや中層魚の資源として活用できる生物種、ベントスの干潟での機能（干潟とは何かのわかりやすい説明も必要）の研究を推進し、一般国民と政治家への理解の促進に努めること。

論点6-2 「海洋の汚染物質、余剰熱量の排出と沿岸域の埋め立ても大気中への温暖化ガスの削減目標に倣い2050年までのゼロ・エミッション」を目標とし、具体的な行動計画を策定せよ。

①沿岸域の再生と強靭化のために、「沿岸域の環

境を阻害する物質や陸上の行為の進出をゼロ・エミッション」とするべきである。

埋め立て、工場・都市排水汚染、温排水・放射能汚染水、温暖化、酸性化並びに湿地帯・干潟の生物多様性の喪失により海洋・沿岸域の強靭性と生産力が弱体化してきており、地球温暖化や台風・干ばつの発生や漁業生産量の減少を招いている。

②海洋の生態系の強靭化と健全化が地球全体の健全化や地球温暖化の問題の解決に貢献する。二酸化炭素の排出の削減に倣い、海洋版の海洋への排出物他をゼロにする「2050年までの海洋へのゼロ・エミッション」目標と具体的行動計画を策定するべきである。

論点７　自然の生命力と持続力を活用した逆土木とNBSとEWNを推進せよ；公共・防災事業も産業、自然と環境を回復する新たな公共事業を創設せよ。

①ハード中心の防災と国土建設並びに経済成長は限界を迎えつつある。コンクリート建設物は建設時にその強度と機能にピークがありその後は劣化するが、逆土木、グリーン・プロジェクト、NBSとEWNは、自然の生命力と回復力の活

用で、時間の経過とともに強固で機能性を増大する。今後は自然活用型の事業とビジネスへの移行を促進し、この中から中長期の経済的利益を生み、地球環境の温暖化の削減にも貢献するべきである。

②河川と海洋は密接不可分の関係にあるが、水産庁と国土交通省は、環境影響評価を行わず、これら関係を無視・軽視してきた。その結果、河川の生態系の劣化、河床や河川敷き砂利の採取、直行河川の増加、氾濫原と河川湿地帯、三日月湖の減少など、生物多様性と防災力が減退し内水面の漁業生産量はピーク時の15%まで減少した。また、河川沿岸や海岸の漁業や水運と観光などの生活・産業基盤を破壊し、これらを単に補償金で手当てしてきた。これは環境・生物からの警鐘とみられる。このままでは沿岸と河川沿線の地域社会は崩壊する。河川の自然と生態系の再生と地方社会の再生に取り組むべきである。

論点８　地球環境と資源と自立経営の為にも漁業へのITQを早期に導入せよ。

ITQの導入は、資源の持続活用、燃油費、過剰投資と過剰操業の削減、排出ガスの削減による地球温暖化の防止にも貢献する。ITQなしでは過剰投資と過剰な操業が継続し、日本漁業は地球温暖化に反する操業と非持続的漁業を実践しているとの非難を受けよう。

非生産的な漁業の維持を目的とした補助金（漁業共済補償金）とセーフティーネットや漁港予算で支えている現状を改革するのはITQの導入が早道である。ITQは資源の悪化の状態の経営の立て直しにも効果があることが知られている。

論点9-1　水産庁から独立した新水産研究体制と民間の海洋水産系のシンクタンクを早急に設立せよ。

①水産研究・教育機構の水産研究所が従来の９か所の研究所から２つに縮小された。長崎を拠点とするものと横浜を拠点とする２系列である。水産予算の3,000億円のうち約700億円（推定）が漁業共済補償金などの経営の損失の補填金。従って3,000億円から毎年100億円程度を水産資源研究機関の施設の最新化・イノベーションに振り当てれば、毎年１か所ずつ、９研究所の近代化を図り調査研究を拡充し日本の水産研究所は最新近代化することが可能である。

②当該研究機関は、環境・生物多様性、海洋生態

系の研究に転換すべきである。各種の法体系・システム（森林法、河川法と海岸法と水産業との包括的相互補完関係の強化）、また水産加工業、資源管理政策、経済効果と貿易の在り方など研究されていない。

経営学・経済学の手法である会計学・資本勘定の手法、自然資本会計手法（環境経済総合勘定：SEEA）を取り入れることも重要である。

③これらの分野は現在の水産分野から経済、社会と環境ならびに国際法・国内法の分野にわたるので、その研究所の所管を水産庁の所管から独立させて、内閣府所管とするべきである。特に、資源管理などを含めて、あらゆる調査・研究を水産庁の介入から独立させ、公平な資源評価など研究の成果として行政に勧告・反映させるべきである。

論点9-2　外部の独立した研究機関（シンクタンク）を設立するべきである。

政府から独立した民間の研究機関の設置は必須である。

水産研究のための政府から独立した研究機関（シンクタンク）は我が国には存在しない。また、一般的に日本の研究機関・提言機関（シンクタンク）が官庁からの委託の調査業務を行っている例が多く見られて、本来の政府から独立した調査研究結果を政府に提示・提供し、また、政策提言を行っているものとは程遠いのが現状である。

従って政府から独立して、本来必要な機能を有する研究機関・政策提言機関（シンクタンク）を設立し、正常に、かつ自由に、機能させることが必要である。

そのために必要なものは、独立の資金源と独立した専門家である人材である。これらは日本国内から調達を図るには限界があるので、広く海外にその資金と人材を求めるものとする。

参考文献

三浦大介（2015）「沿岸域管理法制度論　森・川・海をつなぐ環境保護のネットワーク」勁草書房

平野裕之（2016）「物件法」日本評論社

大森隆（編著）（2018）「ソーシャル・キャピタルと経済　効率性と「きずな」の接点を探る」ミネルヴァ書房

交告尚史（2020）「スウェーデン行政法の研究」有斐閣

寺島紘士（2020）「海洋ガバナンス　海洋基本法制定　海のグローバルガバナンスへ」西日本出版社

小松正之（2021）「日本漁業・水産業の復活戦略」雄山閣

小松正之・堀口昭蔵・渡邊孝一（2021）「広田湾・気仙川総合基本調査 2018~2020」一般社団法人生態系総合研究所

第 3 章
2019 ～ 2021 年度
北太平洋海洋生態系と
海洋秩序・
外交安全保障体制に
関する研究会

最終提言

第１節　新しい時代をリードすべき包括的研究

1. 研究の背景と目的

地球温暖化の進行とともに大気だけでなく、日本周辺海域・北太平洋・南太平洋における海面水温の上昇が著しい。加えて、海洋水産資源の乱獲、養殖業の汚染、防潮堤建設、都市下水、工業排水、火力・原子力発電所の排水、埋め立てなと河川護岸修復、砂利採取、農畜産業の過肥料・農薬排水と森林・林業の伐採後の放置と土砂採取の現状が陸上、河川と海洋の生態系を変化させている。

一方、地球温暖化、海水温の上昇とエサ生物の量、質と分布の変化などにより海洋に生息する魚介類の北上（南半球では南下）が顕著に進んでいる。例えばサケは従来の生息域が北上し、日本や米国カリフォルニア州から姿を消しつつあり、ロシアとアラスカ州に集中・増加している。これはロシアのサケの大規模な孵化･放流によって増幅されている。こうした動きは、サケにかぎらず、あらゆる海洋水産資源で観察されるものであり、北太平洋の海洋の環境そのものの収容力に上限があるとすれば、今後も急激な変化は確実に予見され、国別に漁獲可能なサケなどの海洋水産資源量にも重大な変化と影響を

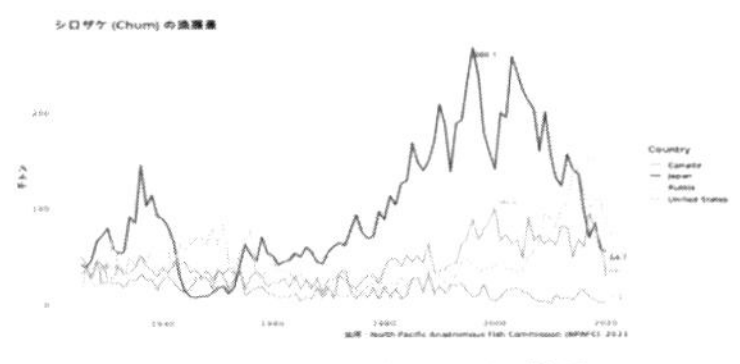

図1　シロザケの漁獲量

及ぼすであろう。こうした問題の解決では、海洋生態系の保全と資源管理を複層的に取り組むことが求められるものである。加えて、海洋生態系の変化や水産資源の変動は日本単独での対応ではなく、多国間の協調等、国際的な関係性の構築と対応が求められる政策課題である。

また、その対応にあたっては、科学的な知見に基づいた現状把握等、学術的なアプローチはもちろんのこと、外交的な助言と食料の安全保障の観点から、また、包括的、鳥瞰的視点から、専門的知見を踏まえ、現実的な解決策を示し、統合して政策に反映することができる実用的な調査研究体制の構築が不可欠である。

これらの国際的課題は、日本が今後の「新しい時代」をリードすべき分野である。国際的な連携の枠組みまでを俯瞰する本研究は、当研究所が有している外交・安全保障から国土･資源の保全まで､幅広い知見とネットワークを一層活用し、社会に貢献できる分野である。

本研究会は本年度、2021年7月30日に第1回会合を開催以来2022年5月27日まで13回（2022年3月17日の特別研究会を含む）にわたり、水産資源の管理、陸域と海域の海洋生態系の問題、国連海洋法条約、ワシントン条約、生物多様性条約、国際捕鯨条約と地域漁業管理機関、気候変動と地球温暖化の影響下の水産資源（サケ・マスとイカ類）、流域開発と海岸工事並びに防災と沿岸環境の保全、海洋ガバナンスの課題と展望を議論した。

また、都市下水の処理、みどりの食料システム戦略と日本の森の現在と未来についても幅広く検討を加えた。さらにスウェーデンを例に、いくつかの関連法を自然環境保護法制度の下に束ねて、包括的な法制度とすることについても検討した。

2. 研究会の期間（2019年4月1日～2022年5月27日）

2019年度中間論点と2020年度の第2次中間論点を踏まえ、さらに本研究会は2021年7月30日の第1回検討会から2022年5月27日まで特別会合を入れて13回の研究会を開催し、最終提言を取りまとめた。

第2節　提言の実行による資源回復と経済効果

将来の経済的、資源的な資産価値

1. 最近の日本の漁業・養殖業は衰退の一途である。2021年（2022年5月27日農林水産省発表）の漁業・養殖業生産量は417.3万トンと史上最低を記録した。

表１　現在の漁業・養殖業並びに資源管理成功後の将来の生産金額（推計）

	生産金額	将来の生産金額（推計）	現就業者数	基本年
①海面漁業	7,774 億円	2 兆 3,322 億円		2020 年
②海面養殖業	4,368 億円	1 兆 3,098 億円		2020 年
③内水面漁業	165 億円	495 億円		2020 年
④内水面養殖業	935 億円	2,805 億円		2020 年
漁業・養殖業合計	1 兆 3,242 億円	3 兆 9,720 億円	135,660 人	2020 年

資料：一般社団法人生態系総合研究所が農林水産省「漁業産出額」から試算。ただしこれらは汚染物質や温排水の停止並びに、栄養分の高い陸水の流入など陸・海洋環境・生態系の改善によって増進・強靭化される。
海面漁業には捕鯨業を含む。

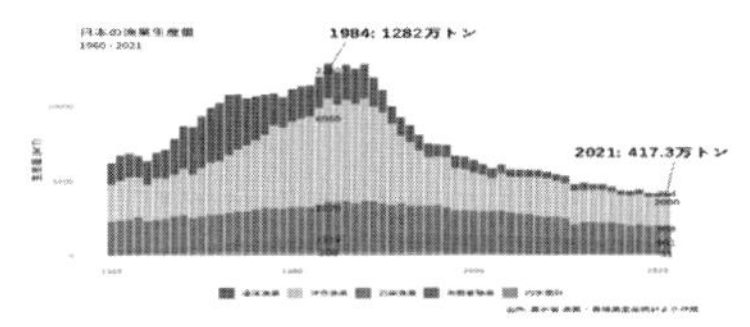

図２　日本の漁業生産量（1960-2021）

漁業・水産業と関連産業は、従前を根本的に変更する漁業・水産政策の内容と方向次第で、将来の有望産業たりえる。米国、ノルウェーとアイスランドの諸外国で見られるような海洋水産資源／海洋生態系を国民の共有財産ないしは、国民から管理の負託を受けた公共資産として、国民にわかりやすい科学に基づく、資源・漁業管理を実践する。そのうえで、譲渡可能個別漁獲割当（ITQ）導入による資源管理型の漁業・養殖業への改革、海洋生態系の回復並びに関連産業と人材の養成を以下に示す「第１次と第２次中間論点ならびに最終提言」に沿って実施することによって、下記に示すような魅力ある産業への転換を図ることができる。それは、若者にとっての意義ある雇用の場、外国の投資家による投資を誘導することが可能である。海洋水産資源をそのような魅力ある資産として増やし、それを持続的に漁獲し、養殖する形に転換していかねばならない。その結果、漁業・養殖業生産額は現在の1.3兆円が4兆円に、約3倍に増大する。海洋水産資源の資産価値は12兆円に及び、現在の漁業生産金額の約9倍に達することが期待される。

2. 1は漁業・養殖業に限定した際の生産金額であり、加えて、流通・加工業、外食産業、スポーツフィッシングと観光業を加えれば、その波及効果は30兆円を超える可能性があり、現状と比較するとその効果は計り知れない。

また、海洋生態系の中での資産の増大を見ると、プランクトン、サルパ、中層・深海性魚類と海産哺乳動物を利用可能対象と認定すると、その資産価値は膨大になる。これらの資産価値は新研究会で研究の対象とする。

特に海産哺乳類は、繁殖頭数が増大すると、その体内に、炭素分子の形で二酸化炭素が取り込まれ、たんぱく質、脂質とでんぷん質として二酸化炭素の吸収・蓄積源となる。資源量が3倍となれば二酸化炭素の蓄積量も3倍になり、すなわちサケ、スルメイカとサンマなど現在低位な漁業資源の増加は地球温暖化の解消にも貢献する。

3. 海洋水産資源と海洋生態系は地球の健康に重要な役

割を果たす。地球温暖化を抑制する機能では、全地球で排出される二酸化炭素の３分の１から６割の二酸化酸素を吸収するとみられる。それを科学的に検証し、経済的価値（吸収資産額）の計算を行う。

4. 我が国は水田や土地造成の埋め立て行うとともに防潮堤の建設など進め､沿岸域での人工海岸線を増やした。沿岸・海岸域の干潟、湿地帯、河口域は、泥炭地や沼地を形成しメタンガスや二酸化炭素と亜硝酸塩（酸化二窒素）などの温暖化ガスを吸収・蓄積・固定する。また、藻場や河口域と浅海域ではアマモ類や海藻類が繁殖、二酸化炭素の吸収・蓄積源となる。加えて、産卵場と育成場になり海洋水産資源の増殖の機能を果たす。

5. 上記の２から４について、将来はＪクレジット（二酸化炭素等の排出削減・吸収量や森林管理による二酸化炭素等の吸収量をクレジットとして国が認証する制度）に換算することが可能であり、次期研究会；「食、生態系と土地利用研究会」で検討する。

6. 他方、このような積み上げ方式での計算に加えて、国民経済計算と自然資源会計（自然資源勘定）の手法によって国家全体の中で、海洋水産資源／海洋生態系としての自然資源がどれだけ資産価値を持ち経済的利益を提供するかを計量化することが可能となろう。

第3節　最終提言

以下の提言は（A）日本国政府、政治家及び産業界に対する提言、（B）行政機関、農林水産省・水産庁、研究機関に対する提言である。しかし、提言の中には更なる研究と検討が必要なものあることに鑑み、（C）次期の「食、生態系と土地利用研究会」の検討課題を提言後に付した。

提言 1-1（A）

「海洋水産資源と海洋生態系は国民共有の財産である」と法律（海洋水産資源・海洋生態系の国民共有の財産法（仮称））に明記し、海洋水産資源／海洋生態系の回復・保護を目標とした包括的管理を政策の柱として我が国の漁業・水産業と関連産業の迅速な復活をめざせ。

⑴ 海洋水産資源と海洋生態系には、陸上生態系と河川からの水質・水量、土砂、栄養と生物資源が流入し、それらが連結・つながり、密接不可分の関係にあるので、「海洋水産資源・海洋生態系の国民共有の財産法」では、海洋水産資源とそれを内包し育む海洋生態系にとどまら

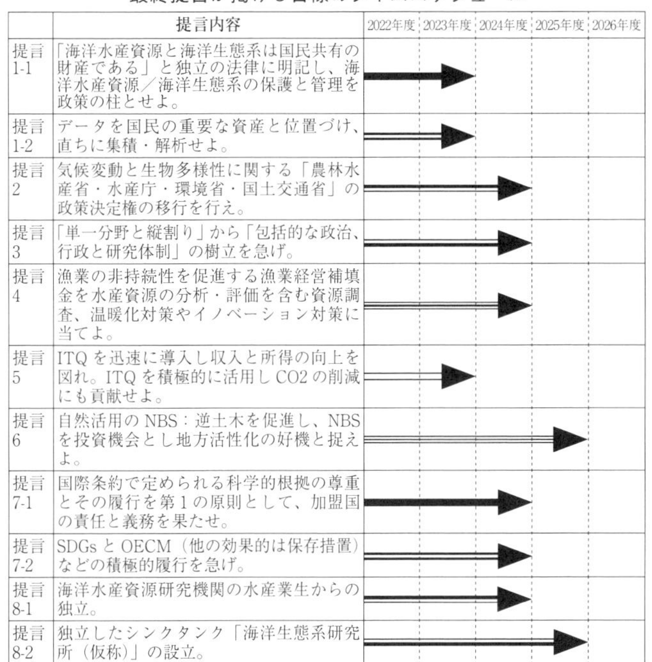

最終提言が掲げる目標のタイムスケジュール

	提言内容	2022年度	2023年度	2024年度	2025年度	2026年度
提言1-1	「海洋水産資源と海洋生態系は国民共有の財産である」と独立の法律に明記し、海洋水産資源／海洋生態系の保護と管理を政策の柱とせよ。					
提言1-2	データを国民の重要な資産と位置づけ、直ちに集積・解析せよ。					
提言2	気候変動と生物多様性に関する「農林水産省・水産庁・環境省・国土交通省」の政策決定権の移行を行え。					
提言3	「単一分野と縦割り」から「包括的な政治、行政と研究体制」の樹立を急げ。					
提言4	漁業の非持続性を促進する漁業経営補填金を水産資源の分析・評価を含む資源調査、温暖化対策やイノベーション対策に当てよ。					
提言5	ITQ を迅速に導入し収入と所得の向上を図れ。ITQ を積極的に活用し CO2 の削減にも貢献せよ。					
提言6	自然活用の NBS：逆土木を促進し、NBS を投資機会とし地方活性化の好機と捉えよ。					
提言7-1	国際条約で定められる科学的根拠の尊重とその履行を第１の原則として、加盟国の責任と義務を果たせ。					
提言7-2	SDGs と OECM（他の効果的は保存措置）などの積極的履行を急げ。					
提言8-1	海洋水産資源研究機関の水産業生からの独立。					
提言8-2	独立したシンクタンク「海洋生態系研究所（仮称）」の設立。					

ず、河川・陸上生態系から海洋生態系に影響する上記のすべてを本法律でいう国民共有財産とする。(注1)

(2) 我が国の漁業・水産行政のクロマグロ、サンマ、スルメイカとサケといった単一種を対象とする漁業・水産資源管理はその限界が明らかであり、そこから複数種、その餌並びに生息域と環境を含んだ海洋生態系を回復・保護し管理する総合的・包括的な観点の政策と研究に直ちに移行すること。

⑶ **海洋水産資源・生態系の国民共有の財産法**（仮称）、では、海洋水産資源と海洋生態系の持続的利用の原則と利用方針並びに利活用の計画を定めること；①それは科学的根拠に基つく、持続的利用を定めて、②国民のだれもが、①の原則に従い、投資、利活用できるものとする。③投資と利活用に際しては、国民経済と地域経済への貢献を果たし、利活用の説明責任を伴うものとする。

⑷ **海洋水産資源・生態系の国民共有の財産法**（仮称）はアンブレラ法としてスウェーデンの1987年自然保護法を参考に、資源、生態系の保護・管理と回復の原則と主要政策を展開する。その下で、保護・管理と回復のために必要な関連する法律である漁業法、水産基本法、海洋基本法、環境影響評価法、河川法、森林法、海岸法と農地法など農業関連法など必要条文を修正する。そして、関連する法律の関係が包括的にアンブレラ法の下で理解されつつ実施条項の特定を可能とする(注2)。

⑸ 管理等の権限を委ねる者は国民であるとの基本原則のもとで、国民からの負託を受けて国と都道府県はその管理等を行うものとする。そして国と都道府県は漁業者、行政が理解する俗語・専門用語ではなく国民が理解でき

る科学的根拠に基づく平易な用語で、国民に対し透明性を持って説明責任を負うものとする。

(6) 管理等の対象は、海洋水産資源にとどまらず、海洋水産資源の生息域と海洋生物多様性を含む海洋生態系ならびに陸域の関係する生態系の要素とする。

提言 1-2（A）

政府と都道府県行政は海洋水産資源と海洋生態系に関する漁獲と調査研究データを諸外国に倣い、迅速かつ緻密かつ広範に漁業者だけでなく流通・加工業者にも、その収集と提供を義務付けること。また、国は当該データが信用・信頼を得らえるものとして習得するために監視・取締りとオブザーバー制度並びにICT（Information and Communication Technology：情報通信技術）を正確に投入する。これらのデータを国民の重要な資産と位置づけ、資源管理に活用し、公開せよ。データの改ざん・不正・未報告への罰則には欧米の水準を適用する。

(1) データはすべての水産政策の立案と作成の基になる重要なものであり、国家の水産政策の成否は漁獲データ他の精度と信頼度に由来する。

(2) データは沿岸漁業の地域は海洋水産資源／海洋生態

系の管理にとっては種の多様性と豊度から重要である。また、沿岸は塩性湿地帯、泥炭地、干潟と砂州と海浜など生物多様性と漁類の生息・成長域としても必要度が極めて高い。これらに関する基礎データと科学的情報を至急に広範囲に入手し、科学的評価と政策形成の基本とせよ。

(3) 海洋水産資源・海洋生態系にとどまらず、前者に影響する肥料・農薬や畜産排出物などの農業、さらに陸上生態系並びに森林の植生の変化と単層林・複層林の割合と分布並びに間伐・皆伐と植林など森林・林業も含めた農林水産業と環境·生態系に関するデータをさらに整備·収集し蓄積に努めよ。

(4) 陸・農地と森林の土壌構成と河川流域と海岸線と沿岸域の土壌・植物相と水質・化学物資・生物構成、栄養塩や汚染物質データと土砂の収集の体制の整備を図ること。

提言2（A）

地球温暖化·気候変動と生物多様性に関する政策に関し、「農林水産省・水産庁、環境省、国土交通省」の政策の重点を、SDGs（Sustainable Development Goals：持続可能な開発目標）と地球温暖化交渉など国際的な動向と海洋水産資源と第1次産業依存の地方経済の急速な衰退などを踏まえて、従前の箇所付け・場当たり的な短期視点の政策対応から、産業としての成長と環境保全・資源保護育成を調和させ、それぞれの持続可能性を実現する長期視点の政策立案に移行せよ。

(1) 地球温暖化、気候変動、生物多様性と海洋水産資源／海洋生態系の回復・保護・管理は包括的な知見と専門性を十分・適切に有していることが前提である。海洋生態系に関する環境保護の行政の基盤となる専門性は、産業行政を主とする経済産業省や国土交通省より環境省や水産庁に重点を移行するべきであり、特に環境省の政策と組織；予算と人員が強化されるべきである[注3]。また、一体性が弱い水産基本計画と海洋基本計画のうちの沿岸域総合管理との連携と協力の強化が必要である。

(2) 洋上風力発電の推進政策に関して、環境影響評価の手続きの簡素化が図られた。また海洋再生可能エネルギー発電設備の整備に係る海域の利用の促進に関する法律（再エネ海域利用法）の共管省庁に環境省と農林水産省が除外されるなど環境・農林水産と国土交通省・経産省との間の関係不足は早急に修正するべきである。国際条約や国際社会の動向を見ても、先進国は環境影響評価の実施を一層強化している。漁業への影響評価手法の確立も含めて環境影響評価をフルに実施するべきである。

(3) 国際と国内の海洋生態系重視の動向にかんがみ、水産庁は、単一魚種や漁業種類を対象とする政策から、複数種や生息域を包括的に取り扱うこと。そのため、海洋生態系管理庁に組織を変更し、下記提言3の実施と履行に努めよ。海洋生態系と生物多様性条約の実施ならびにBBNJ条約(注4)の実施の分野で環境省との連携を更に強化せよ(注5)。

提言3（B）

「単一分野と縦割り」から「包括的・横断的な農林水産行政と研究体制」の樹立を急げ。

(1) 農林水産分野ごとの縦割りから、部局連携を必要とする海洋水産資源と海洋生態系の管理の展開のために、農業・畜産などの陸域と林業・森林並びに河川と都市下水・産業排水などとの包括的で一体となった政策を、実施せよ。各部局の中にそれぞれ他部局との連携セクションを置き、また、複数の専門分野を担当する専門家を配置することを急ぐべきである。

(2) 産業排水、農業排水、火力・原子力の温排水・汚染水の経済外部性に関しても産業界の支援と協力を義務付け、政府は科学的な研究を実施し、かつ漁業や地域経済などへの影響の経済学的な研究・分析の体制を強化するべきである。また、その結果については、迅速に国民に公開する。

(3) 森林はその雨水と流入水の浄化の貢献に関する作用が大きく、森林の単層林を生態系サービスの提供がみられる広葉樹と高樹齢樹木の多様化した森林の構成を促進せよ。

提言４（B）

水産業の持続可能性に貢献しえない旧来的予算（漁港基盤整備費など）や肥大化した漁業所得補償金などの水産予算[(注6)]を、海洋水産資源と海洋生態系の回復と増大のための水産科学調査、監視・取り締り・オブザーバー制度の導入と充実と水産業のイノベーションなどの水産業の経済価値を増大する予算に振り向けること。

(1) 以下を2023年度の予算要求から開始せよ。

①水産研究・教育機構の運営費交付金の増額と水産資源の分析・評価を含む資源調査の弾力的な予算（研究施設の建設、調査船の稼働と基礎研究に取り組む科学者の採用と増員）（40億円）。

②沿岸漁業者からの漁獲データの収集のための支

援、そのための沿岸漁業者の漁獲データの記入を支援する。科学オブザーバー制度導入と人員の確保のための予算を新設せよ。監視取締りの強化のために､取締り官の増員とトレーニング、そして陸上取締り官の常駐と派遣のための予算を支出せよ（50億円）。

③沿岸域の湿地帯、干潟や藻場の造成、コンクリート張り河口や親水性施設の修復のためのNBS(Nature-based Solutions：自然を基盤とした解決策)の可能性調査予算とモデル事業の実施（10億円）。

⑵ 環境省予算に関しては、他省庁の予算や米国に比較し少額である。環境政策の重要性にかんがみて、専門家の確保、研究と情報収集力の強化を図るため、その大幅な増額を図ること。森林環境税と温暖化対策税の関係；温暖化対策税を弾力的に植林や生物多様性の確保などに使用すること。

提言5（B）

資源の管理に有効で市場ニーズの対応と経費の節減に有効なITQ（譲渡可能個別漁獲割当）の積極的かつ迅速な導入で所得の向上を図り、地球温暖化への貢献と資源の回復に活用せよ。

(1) ITQで漁獲競争を排除し、燃油コスト削減、資源乱獲防止と温暖化問題解消への貢献を図れ。(注7)

(2) TACとITQが出口で遵守されることが資源の正しい管理の必須の要件であり、そのために監視取締りの強化、漁獲報告の検証のための科学オブザーバー制度の導入と漁獲量の報告、違反に対する罰則の強化を図れ(これらは提言4の予算の項目でも記述)。

提言6(A)
EU、米国など国際社会の流れであるNature Based Solutions(NBS);逆土木を、従来のコンクリート中心のプロジェクト(グレープロジェクト)に加えて、国内でも、新事業として、2023年度からモデル実証事業を推進すべき。自然活用の工法(NBS、グリーンプロジェクト)は地球温暖化の緩和や水産資源の回復、新たな投資と事業機会として地方経済にも貢献する。

(1) コンクリートの防災工事は防災面では頑健性と管理コストを節約するメリットがある。一方で防潮堤などは湿地帯、干潟や藻場の生物多様性、希少種の喪失と塩性湿地帯が固定する炭素やメタンガスと亜酸素窒素の吸収する上記の湿地帯などを失う側面がある。

図3　小型のダムを撤去し小石、砂利と倒木ないし植物で段差を造ったもの（アンダーウッド社提供）

⑵ 他方、自然の植物・樹木、自然の水流・土壌や土地形状・性質の多様性を活用したNBS／逆土木（自然活用型の水辺再生工事）は、水質の浄化、気候変動への対応と生物多様性と水産資源の育成、回復・増進をもたらす。そこから派生する海洋水産資源の利活用化によって得られる第1次～第3次産業；地方振興への貢献（特に水産業と観光業）が米国では実証済みである。2023年度に国土交通省ないし農林水産省（水産庁）または環境省において、米国のスミソニアン環境研究所が提示したNBSの成功事例を参考にモデル実証事業を実施するべきである（調査費と事業費で予算額10億円）。

⑶ 2050年までのゼロ・エミッションと合わせて生物多様性や食料生産と流通・保管によるエネルギーロス・

喪失の防止政策と産業構造の改変もゼロ・エミッションに効果があるので、これらの推進に努めよ。

提言 7-1（B〈ただし、条件付き国際捕鯨条約への再加盟は（A）提言〉

北太平洋漁業委員会（NPFC）、中西部太平洋まぐろ類委員会（WCPFC）、国際捕鯨委員会（IWC）とワシントン条約（CITES）の国際条約では、条約で定められる科学的根拠の尊重と履行を第1の原則として行動せよ。IWCにおいては条件付き国際捕鯨条約への再加盟を果たせ。また、今後の交渉では地球温暖化などがいかなる委員会でも議題となる。技術論を超えて、大局的視点を持って交渉に臨め。

(1) 我が国の近年の国際漁業委員会での交渉では、サンマ漁業をめぐるNPFCでの過大なTACの設定での資源が悪化。WCPFCでは資源が悪化したクロマグロの漁獲枠増大を要求、逆に資源量が膨大なカツオは漁獲規制の強化を求めて、ダブルスタンダードを批判されが、包括的な視野と科学的根拠に基づく国際交渉に徹することが国際信用と自国利益にとって重要との基本姿勢に立ち戻るべきである。

(2) IWCからの脱退は現状から考えて誤り。交渉の視点が鯨類の捕獲枠設定に矮小化され、海洋生態系／生物多様性と漁業資源管理の視点に欠け、IWCから脱退後に科学調査活動が殆ど皆無となり、鯨類・海洋生態系に関する科学情報が入手できなくなった。国際捕鯨取締条約上の根拠を失い、有効な科学調査活動と適切な捕鯨ができない状況に陥った。国際社会の一員として、国際条約に復帰し(注8)、大局的観点から、鯨類管理の域を超えて、海洋水産資源と海洋生態系の回復、保存を主張し、世界を再度リードするべきである。

提言 7-2（B）

持続可能な開発目標（SDGs）はSDG6、14と15などの積極的な国内での実施に努め、OECM（他の効果的は保存措置）などは海洋水産資源と海洋生態系の回復と持続的利用に真に効果がある積極的履行を急げ。

⑴ SDGsは6がきれいな水の管理、14が豊かな海を守ろう、15が陸の豊かさを守ろうであるが、具体的な内容に関する国民の認知のレベルが不十分で、これらの日本国内での理解の徹底が必要である。

⑵ 生物多様性条約でのOECMでは、わが国の海洋保護区の設定で科学的な根拠が不足し、その内容の効果と実効性が担保されないにもかかわらず、国際的なつじつ

ま合わせで設定された箇所がみられる。真の海洋保護区として海洋水産資源／海洋生態系の回復につながる科学的根拠と有用性を持ったものを設定するべきである。

提言 8-1（A）
政府内の海洋水産資源研究機関の研究体制の強化を図れ。また、水産行政からの独立した体制にせよ。

⑴ 国立研究開発法人水産研究･教育機構は、内閣官房･内閣府の直属として、人員と予算の水産庁からの独立を図り、強化するべきである。(注9)

⑵ 基礎研究の現場の充実予算の増大を図り、産業研究所としての自由な研究の環境を整えよ。大学への有為な人材輩出をとどめ、有為な人材の新規応募も促進せよ。

⑶ 予算の縮小面から９研究機関が２つに縮減された現状を再度レビューし、研究施設と体制を再強化するべきである。

⑷ 当該機関を鯨類研究と放射性物質・温排水の研究を合わせた総合的な海洋生態系に基づく漁業・海洋生態系の研究機関とするべきであり、併せて海洋に関する気候変動の現状と影響の調査研究に重点を置くべきである。

(5) さらにITQの経済効果を含む水産業の経済的な分析評価、世界各国の資源管理や生態系管理に関する法制度の研究と漁業の地域社会への貢献などの研究の充実を図る必要がある。養殖業の海洋生態系への影響や環境負荷並びに経済的かつ技術的展開も研究する必要がある。Jクレジットの導入と実施の検討のために経済・社会部門の研究体制も新設強化するべきである。

提言8-2（A）
民間の独立したシンクタンク・専門研究機関「海洋生態系研究所（仮称）」の早急な設立を。

(1) 研究・調査の対象と内容は、政府系機関の場合、自らの組織のニーズを優先させる傾向があり、必ずしも真の研究のニーズを反映しない場合がある。また、特定の課題に対して、政府ベースの調査と研究しかない場合は、脆弱性と不足ないしは誤りが生じる可能性を否定できない。調査・研究は外部独立のものがあって多様な結果がもたらされるのが国家全体にも有益であり、民間のシンクタンクの設立を急ぐべきである。

(2) また、外国籍科学者・研究者の採用をもって専門家の多様性を図り、外国の研究機関との連携を柔軟に行い、研究活動の深みと範囲を拡大せよ。

(3) 政府が迅速に弾力的に行わなかった経営・経済並びに国際機関ないし各国の法制度に関する法学分野の研究体制の強化と今後のニーズが必要である。また、漁業・水産業に直接関係がないか薄かった分野での研究と調査、海洋利用税、Ｊクレジットと ITQ の効果、気候変動並びに持続的利活用に関する国際会計基準などの分野での研究を深め、海外の民間シンクタンクとの連携と協力を行うことが肝要である。

(4) 必要な資金の調達に関しては、日本の国内（中小企業ないし IT や金融取引の新興企業）と世界市場での資金調達（IT や金融取引）などを念頭に置き行うべきである。

次期の「食、生態系と土地利用研究会」の検討課題：次期研究会の課題（C）

課題１　海洋・利用税、漁獲枠・ITQ 取引とＪクレジットの検討。

(1) 海洋・利用税を徴収し、これを資源・海洋の保護と資源の持続的利活用の目的に当てる。海面・漁場の利用者に加えて、特に、海洋に汚染物質、海洋プラスチックや余剰熱源を放出し外部不経済をもたらす者も海洋の利

表2　カーボンニュートラルとの比較

	カーボン	水産資源
①	炭素税	水産資源保護税（仮称）
②	排出量取引	IQ, ITQ, IVQ
③	クレジット取引	水産資源を保護した分で個別割り当てが増加

資料作成：小黒一正（法政大学教授）

用者であると解釈することが可能であり、これらの者に負荷を課すことが海洋の汚染防止など外部不経済の削減に役立つか否かを検討せよ。

⑵ 上記の提言5のITQを積極的に活用し、漁業者／利用者間の取引に当て、資源の持続的利用と経営コスト削減（CO_2の排出削減を含む）・過剰な漁船数・漁獲能力の削減の推進が可能かの検討を進めよ。

⑶ 資源の増加と生態系の持続的維持に貢献する漁業の操業（例えば小型魚より大型魚を漁獲した場合には資源の管理に数倍貢献するとしてその差額をJクレジットとする）とCO_2の排出削減に対して“Jクレジット”の制度を創設して、これらを漁業者/利活用者間で取引を行い、資源／生態系の回復と持続的利活用を促進する。Jクレジットの対象の分野については、①湿地帯や干潟の造成による二酸化炭素排出削減の貢献② ITQの積極活用による海洋水産資源の回復の分野が候補となるかどうかを検討する。

課題２　気候変動と生物多様性に関する国際サステナビリティ会計基準（ISSB）への対応

⑴ 漁業・水産会社、水産加工・流通会社他水産関連企業と海洋生態系分野に投資する企業や個人のために、漁業・水産会社他からの国際サステナビリティ会計基準にしたがった文書作成と開示を進める検討のために漁業・水産業分野では、いかなるファクターがISSBに具体的にリストアップ・掲載が可能か検討するが必要がある。

⑵ IFRS；International Financial Reporting Standard；国際会計基準財団はグローバルな金融市場に気候変動と持続的利活用の対応のために高品質の財務・会計情報を提供する国際的なベースラインを検討中であり６月に公開する予定[注10]。

課題３　認証機関の創設と運用・資金調達。

⑴ 提言５；ITQと課題１ ⑶；Jクレジット他に沿って、資源回復のための貢献と二酸化炭素の排出削減、ITQの取引と運用を評価し認証する、その具体的な内容については更なる検討が必要である。

⑵ 経済の外部性、Ｊクレジット（湿地帯造成による二酸化炭素とメタンガスの吸収・その数量並びに生物多様性や海洋水産資源の回復）を検証し、確認しかつ認証するためにさらなる検討が必要である。

⑶ そのため、今後は上記の⑴と⑵に関する認証機関の設立の検討が必要である。

課題４　国民への情報の発信と普及を。

⑴ 本提言は政府、行政府、政治家とマスコミ並びに学会、各国政府、研究機関ならびに国際機関に、日本語、英語で発信し、この後もその対応を継続強化する。

⑶ マスコミを通じた普及対策に更に力点を置く必要があるが、マスコミはエンターテインメント性と視聴率を重視し、製作者は内容と科学性とストーリーに関心が高くても、結果的に視聴率を重視し、この方針の前でストーリー性が薄くなる傾向がある。これらを補う対策はマスコミと視聴者の体質の双方から問題である。これらは番組作成の工夫で対応可能か。または、独自のPRの方法を導入するべきかの検討が必要である。しかしながら、基本的に米国の公共放送サービスPBSや英国のBBCに匹敵する科学のストーリー性を有するビデオの編集作成

は、その予算の規模（NGOの資金力と政策を変えようとする意欲と意思の程度）を考えると、日本での同レベルの広報の展開の実現は不可能に近い。それでもストーリー性を持った発信が重要であるので、この後、具体的に検討する。

注

（注1）民法第239条では水産資源は無主物であり、所有権は先占したものに属すると規定される。この無主物先占が水産資源の悪化と乱獲ひいては漁業の衰退の要因の一部を構成しており、この適用を廃止、水産資源とそれを包括する海洋生態系を国民からの負託を受けて国家、都道府県が回復・保護・管理の責任を負うとするもの。

（注2）スウェーデンの自然資源管理法（自然資源管理法が上位の法律として、法の目的を述べ、さらにそのもとで自然保全法や建築法など多くの既存法の法律の改正を伴った。このため傘法と呼ばれた）。

（注3）我が国は、明治時代から殖産興業を柱とした産業国家として成長してきたが、1970年発足の環境省と農林水産省の水産庁の政府内での影響は低い。水産庁は漁業行政から環境保護に重点を移行し、その保護をビジネスとして経済を刺激せよ。

（注4）漁業生産量が最盛期3分の1以下の417万トン（2020年）、生産金額も3兆円が1.3兆円（2020年）と40％に減少し、第5次水産基本計画でも、10年後の食用魚介類の生産量は439万トン（2032年；第5次水産業基本計画；67ページ）にとどまる。そしてこれまで、2002年からの過去4回の水産基本計画の需給率目標は一度も達成されたことがなく、既に産業官庁としての役割を終えたと破断される。水産庁が今後しっかりと国民から必要とされる官庁として存在するためにはむしろ、単一魚種と単一漁業種類の管理行政から積極的に組織の変更をすることであると考えられる。米国は既に国家海洋大気庁（NOAA）になり、英国も食料・環境・観光に統合、豪州も水資源管理省と一体となった。ノルウェーは貿易省と統合された。

（注 5）国家管轄権を超えた生物多様性条約交渉；Biodiversity beyond National Jurisdiction; 国連が現在ポスト・海洋法条約として交渉している条約草案で海洋における海洋遺伝子資源の所有権と開発者の権利問題や海洋保護区の設定に関しての枠組みを協議している。

（注 6）2021 年度の補正予算と 2022 年度の当初予算を合わせた水産予算 3,000 億円中の 1,000 億円に肥大化した漁業の非持続的な漁業経営補填金が多額に上る。

（注 7）漁業界全体と経営者としての投資の経費節減と経営の立て直しに最も有効な管理手段は、漁獲枠の売買と移譲が可能で、経営の統配合にも活用できる ITQ（個別譲渡可能漁獲割当）であり、ITQ の導入により一層の漁業資源の回復と経営の安定化を図ることに加えて、合理化と大型化を一層進める。乗組員の所得の向上と地域社会への経済的かつ雇用の機会にも貢献するべきである。

（注 8）一度脱退したアイスランドは日本の働きかけにより、科学的根拠のない「商業捕鯨の一時停止」に拘束されないとの条件を付し再加盟をした。加盟は締約国が寄託国政府に加盟書を寄託することで本来完結する。また、WTO 交渉などでも単に関税率や鯨類捕獲枠の交渉の域を超え、日本と世界の農業、水と土壌の持続性と海洋生態系の観点からの交渉力をこれからの交渉者には培ってもらうことが重要である。

（注 9）農林水産省内にとどまれば毎年給付される運営費交付金は一般管理費 3% と業務費 1% が一律に削減される。その結果、事業・研究の予算の規模は業務費が 20 年間で 20% 削減された。

（注 10）IPBES（Intergovernmental Science-policy Platform on Biodiversity and Ecosystem Service）「生物多様性及び生態系サービスに関する政府間科学政策プラットフォーム」とダスグスタ英国ケンブリッジ大学教授は自然資本、生物多様性と生態系サービスが経済活動に果たす役割、生物多様性に関し外部性と会計モデルを提唱。二酸化炭素では経済価値への換算が進むが生物多様性は遅れる。しかし、TCFD（気候関連財務情報開示タスクフォース）に倣い TFND（自然関連財務開示タスクフォース）は、自然と生物多様性の保護に貢献する企業を認知・高く評価する動きがある。ドイツでは生物多様性を残している土地を数値化する。

表3　2021年度研究会の開催と各回のテーマ

回数	日付	主たる議題
第1回	2021年 7月30日	・第2次中間提言の検討 ・2021年度研究会の予定（案）について ・スミソニアン環境研究所・アンダーウッド社の来日について（小松正之主査） ・令和2年度水産白書の紹介（川崎龍宣委員）
第2回	2021年 8月27日	・第2次中間提言の採択 ・「不漁・温暖化・水産業の未来」（国立研究開発法人水産研究・教育機構、元理事長、宮原正典氏）
第3回	2021年 9月24日	・「世界の海洋水産資源管理の最新状況とITQ」（水産アナリスト、片野歩氏）
第4回	2021年 10月14日	・「みどりの食料システム戦略について」（川合豊彦・農林水産省大臣官房審議官（技術・環境）） ・「海洋生物環境研究所訪問の報告」：風力発電、温排水、原発の放射性物質の影響について（小松正之主査）
第5回	2021年 10月22日	・「北太平洋海洋生態系研究会での国際捕鯨委員会・鯨類・海洋生態系に関する第1次と第2次中間論点での取り扱い」（小松正之主査） ・「北西太平洋海洋生態系と南太平洋海洋生態系と鯨類との関係について」（㈶日本鯨類研究所ルイス・パステネ博士／田村力氏）
第6回	2021年 11月26日	・「環境対策と財政の課題—経済学の視点から」（小黒一正　法政大学教授） ・「日本政府の環境予算について」（川崎龍宣委員）
第7回	2021年 12月24日	・「都市における汚水処理について」（国土交通省水管理・国土保全局下水道部、植松龍二部長）
第8回	2022年 1月21日	・「日本の森　過去、今、未来」（林野庁森林整備部、小坂善太郎部長））
第9回	2022年 2月25日	・「生物多様性条約とOECM(Other Effective Conservation Measures)について」（環境省自然保護局、奥田直久局長）
特別研究会	2022年 3月17日	・「北の海　蘇る絶景」（NHKエンタープライズ自然科学部鶴薗宏海氏）
第10回	2022年 3月25日	・「スウェーデンの行政法の研究—自然保護法制の変遷」（法政大学大学院法務研究科（法科大学院）、交告尚史教授）
第11回	2022年 4月22日	・「北太平洋の海洋生物資源の管理に関する地域漁業管理機関等の近年の動向」早稲田大学、地域・地域間研究機構、客員主任研究員・研究員客員准教授、真田康弘氏
第12回	2022年 5月27日	・「最終提言の採択」

参考　第１次中間提言以降の世界と日本の動き

北太平洋海洋生態系と海洋秩序・
外交安全保障体制に関する研究会

①新型コロナウイルス感染拡大の継続

2019年12月に発生したコロナウイルス感染症が2020年を越年し、2021年8月現時点においても、日本でも世界でも流行の兆しは衰えない。7月12日から8月22日（9月12日まで延長）まで、東京は第4次緊急事態宣言が発せられたが、若齢者へのワクチン接種が進まないこと、感染力の強い変異株や国民の緊急事態宣言への慣れがあり、若年層や幼児も感染者数は増加している。また、豊洲市場でも仲卸業者だけでなく、卸業者や関連業にも感染者が増加している

この新型コロナウイルス感染症拡大（パンデミック）で漁業・養殖業の生産物の需要の減少と消費先の急激な変更（外食と観光需要からテークアウト・個食へ）が見られる。家庭用の需要を満たすスーパーマーケット向けの需要は2019年程度を維持しているが、酒類を提要できない外食・飲食、ホテルや観光向けは大きく落ち込んでいる。さらには海外からの漁業労働力・水産加工労働力の確保が困難となり漁業操業と加工場の稼働率の低下が見られる。

国際交渉の中断の影響も見られる。緊急事態宣言とコロナウイルス感染の拡大が長引けば上記の外食・飲食業と観光などの水産物消費の減退と漁業・養殖業の衰退は避けられない。

ところで将来のパンデミックに備え、感染症研究所が9月ドイツに開設される。また、新感染症予防国際条約の策定が協議されている。人口の70%の免疫の獲得でパンデミックのほぼ完全な抑止が可能であるとしている(7月15日世界保健機関・WHO)。一方、2022年にはワクチンの供給の過剰が懸念される(7月15日スパン・ドイツ連邦保健相)。

② 2018年改正漁業法の施行

2020年12月に改正漁業法の施行規則(農林大臣省令)と各種通達他が発せられ、2018年改正の漁業法が施行された。漁業権が維持され、漁業の閉鎖性が継続する社会問題が残った。

漁業権の優先順位が撤廃されたが、漁協の管理下の漁場への新規参入の促進を明示する基準の設定は進まないが、岩手県釜石湾や大槌湾外で養殖業の新規参入の話し合いが見られる。しかし、漁協の意思決定制度では根本的制度改革は程遠い。

ITQ(譲渡可能個別漁獲割当)についても農林水産大臣の承認が必要との条件付きながら水産庁がITQの促進

の姿勢を示した。北太平洋の海域のまき網業界では、北海道沖と北部太平洋でのまき網漁業へのIQ導入の諸問題を検討中（コロナの蔓延で協議は一時中断）である。これらはITQで解決される。

③サケ・マス資源の悪化

米南東部アラスカ、ワシントン州コロンビア川のサケはいずれも減少に転じている。

カラフトマスについても同様の傾向がみられるが、特徴的なものは、ベーリング海のユーコン川系のカラフトマスのエスケープメント（自然産卵用の親魚数）が2020年は豊漁年であるにも関わらず、急激に減少した。140万尾(2016年)がわずか20万尾(2020年)に減少した。従って、2年後の回帰の減少が危惧される。南東部アラスカの減少も著しい。1,000万尾（2010年）が300万尾（2020年）である。

シロザケ、ギンザケとスチールヘッドもほぼ、カラフトマスと同様の傾向を示している。ブリストル湾のユーコン川のエスケープメントも大幅な減少である。

海洋の強いヒートウェーブ（熱水塊）と2014年に発生したエルニーニョ現象が2015・2016年も発生し海面の温度上昇を引き起こした。これは2017年以降も発生している。ヒートウェーブによって沿岸域のサケの索餌に好適な海域が狭まって、それがサケの稚魚の生残に影響していると考える。

ロシアのサケの回帰量も2020年では大幅に減少し、2021年の回帰量（予想）は回復している。

日本のサケ・マスの回帰量もピークの28万トンが2020年で5.6万トンであり、2021年はロシアとは異なり最低水準の2020年並みかそれ以下と予想されている。

④福島第一原発の放射能汚染水の海洋投棄

4月13日、政府は福島第1原発の放射能汚染水の海洋投棄を決定した。全漁連や福島県漁連他漁業協同組合が海洋への投棄に強く反対している。一般的に、1950~60年代に開発・導入された大量に冷却水を必要とする軽水炉型原子力発電所は280℃の高熱の熱量を電力に転換するが、そのうちの3分の1しか発電に転換できずに、3分の2は海水を温める無駄なエネルギーとなる。日本の54基の全原発は軽水炉型の旧式であり、導入から40年以上が経過し、2011年3月の福島第一原子力発電所の事故でその再稼働が一旦は停止された。しかし、福井では再稼働する。

原発は二酸化炭素の排出はなく大気は温めない。原子力の温排水は海洋水を冷却水として大量に使用する。そのために海水の温度上昇を招き、海水の高温化での地球温暖化を導く。原子力発電所では冷却管などにフジツボ、海藻などが付着しないように取水口に次亜塩素酸ソーダ（塩素）を注入する。また、温排水は、280℃まで（核燃料の融解するメルトダウンが起きれば1,200度℃を超える）海水を温め、海水温の上昇をもたらすので、海水や淡水に含まれるミネラル、プランクトン、ネクトン（遊泳生物）、プロトゾア（原生動物）とバクテリアとウイルスを破壊し、生命生産機能を失う。これらの微生物他は生命と無生物をつなぐ物質の循環と生物生産のサイクルの役割を果たしている。海水中にはトリチュウムなどの放射性物質が残る。

また、水温の上昇により、二酸化炭素と酸素の海水への溶解が減少し、大気に放出する。

⑤ WTO議長が漁業補助金交渉テキストを公表

WTOはIUU（違法、無報告と無規制）漁業や、過剰漁獲能力と過剰漁獲につながる補助金の削減を求めている。これはSDGs14.6でもその削減を要請されている。7月15日には本件に関する大臣会合が開催されたが、各国間の隔たりは大きいと報道された（水産庁談）。

水産庁の予算の漁業共済補償金、セーフティーネット補助金と儲かる漁業（漁船建造）と漁港予算は、上記の補助金に該当する可能性がある。

⑥ G7 環境大臣会合と首脳会合

5月のG7環境大臣会合では以下のことを宣言した。

遅くとも2050年までにネット・ゼロ・エミッション（実質排出ゼロ）を達成し、産業革命以前のレベルからの気温上昇を1.5℃に抑える。

自然の力を活用したNature-based Solutionを導入する。エミッション削減をゆるめてはならない。

エネルギー分野、廃棄物分野、農業分野からのメタン（化石起源及び生物起源）やブラックカーボンなどの他の強力な温暖化物質の排出と漏洩を削減。

2030年までに陸地、陸水、淡水、海洋及び沿岸の生態系を守るために科学的根拠に基づく強靭な計画を策定し、2030年までに海洋の30％を海洋保護区とすること。

生態系と生物多様性の経済学（TEEB；The Economics of Ecosystems &Biodiversity. UNEP他が作成）、環境リスクの適切な管理をすること。

一部の補助金が環境や人々の生活に有害な影響を与えていると認識すること。

人間、動物（家畜）と環境の健康と食糧との関係に関する国際人獣共通感染症コミュニティー：（WHO, FAO, QIE及びWNEPの健康に関する一つに統一したHigh Level Expert Panel）を設立すること。

薬剤耐性（AMR）の環境中への拡散や農業と水産養殖から環境中に放出される抗微生物剤の安全な濃度に関

する国際基準がないことを懸念。

IUU 漁業が漁業資源破壊、海洋環境の破壊をしていることを認識すること。

自然資本会計手法、環境・経済総合勘定（SEEA；System of Environmental Economic Accounting）、生態系勘定システムの更新が重要であることが合意された。

6 月の G7 首脳の共同宣言

以下を宣言した。

ワクチンの供給と世界中で予防接種を行う国際的枠組み（Covacs Facility）の強化など。パンデミックに打ち勝つ対策をとること。

自由で開かれた社会と民主主義の世界を構築すること。

2050 年までにゼロ・エミッションを達成すること。

8 月 9 日 IPCC（国連気候変動に関する政府間パネル）は地球の平均気温の上昇を 1.5℃に抑えるためには 2050 年のカーボン・ニュートラルは不可欠と結論付けた。

⑦ 2020 年漁業・養殖業生産量は内水面と沿岸漁業が減少

5 月 28 日に農林水産省は 2020 年「漁業・養殖業生産統計（暫定値）」を発表した。これによれば日本の漁業・

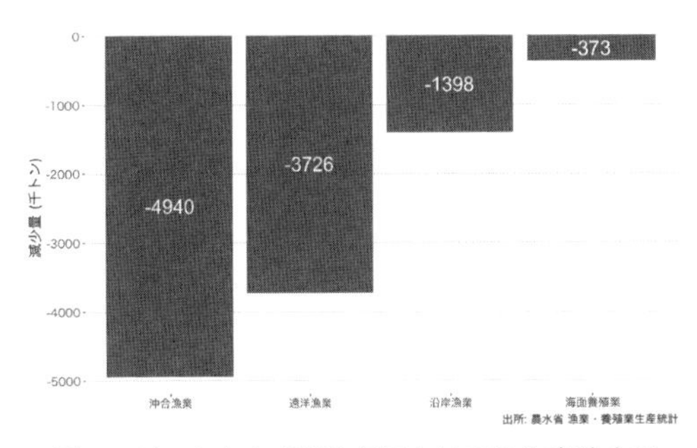

図１　ピークから2020年にかけての生産減少量

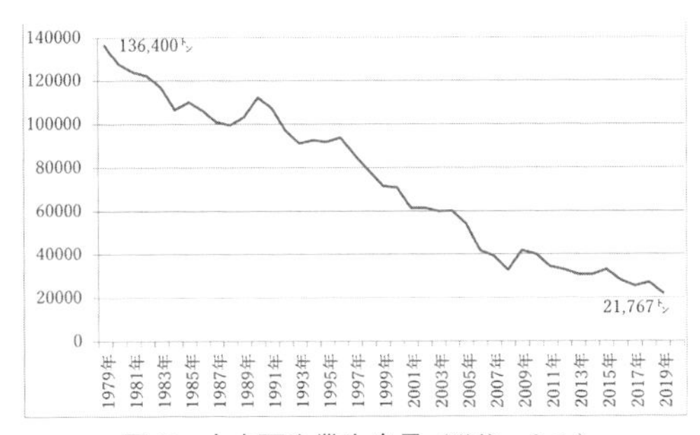

図２　内水面漁業生産量（単位：トン）
（資料；漁業・養殖業生産統計；急速に減少する内水面漁業）

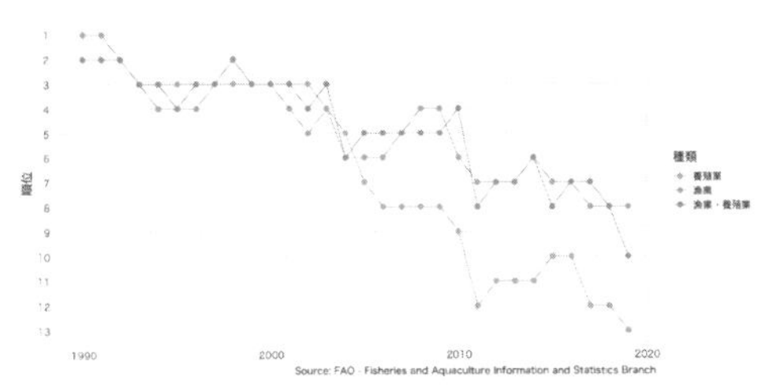

図３　日本の漁業・養殖業生産量の
世界ランキング推移

養殖業の生産量は前年を下回る417.5万トンであった。

海面漁業は前年に比べ2.2%減少した。増加したのは、海面養殖業のみである。沿岸漁業と沖合漁業並びに内水面の漁業と養殖業の減少がみられる。従って、森川海すなわち、河川を通じた陸と海の生態系の密接な関係を考慮すると、陸上生態系と河川水の質量の劣化が、そこで生息する内水面魚種の減少をもたらしている。

河川水は、最終的に沿岸域に流入する。沿岸域の漁獲量と海面養殖業の生産量の減少には、陸水・河川水などの淡水の質量の劣化と減少がかかわっている。

2021年3月、国連食糧農業機関（FAO）が世界の漁業・養殖業の生産量を発表した。世界では漁業・養殖業の生産量が2.14億トンに達した。そのうち養殖業が1.20億トンを占める。天然の漁業生産量は横ばいないし減少気味である。日本は、1980年代には漁業も養殖業も世界第1位であったが、現在、漁業では第8位、養殖業では第13位で総合でも第10位に陥落した（図3）。

⑧ 2021年4月、国土交通省は「流域治水を導入」

国土交通省が「流域治水」を政策に取り入れ、コンクリート堤防などのハードの手段による河川内に水を封じ込め下流域に流し最終的には海に流出させる防災から、下流域での氾濫と遊水地とダムの活用と河川流域に密集した都市を移転する政策を誘導するなどの「流域治水」にかじを切った。

しかしながら、欧米諸国がすでに採用している、河川流域のみならず分水嶺全体をカバー、自然を活用したNBS（Nature-based solutions）やEWN（Engineering with nature）の域には到達していない。

江戸時代からある霞堤防の活用や水害想定地域への住居建設の回避や移転並びに保険制度の改正など、これまでの国交省の政策から大きな転換である。しかし、未だ欧米諸国と比較すると、自然活用の治水は端緒についたばかりで、コンクリートの建設物に頼る部分が多い。海岸法も近年改正されたが、流域治水との関係では、海岸と沿岸域は、陸水と河川水の処理場の域を出ない。

「流域治水関連法」は2021年2月に閣議決定されて、4月28日に成立した。「特定都市河川浸水被害対策法等の一部を改正する法律」（治水流域関連法）では特定都市河川浸水被害対策法、水防法、建築基準法、下水道法、河川法、都市計画法、防災集団移転促進の財政特別措置法、都市緑地法、土砂災害防止対策法の9つが一部改正された。これらを束ねて総合治水対策とした国土交通省の尽力は、これまでの官庁・官僚の対応としては、出色でありその成果は賞賛に値する。しかしながら、『「流域治水」の関連法』はすべて国土交通省の所管の法律からなり、森林法、農地法、漁業法、海岸法、生物多様性基本法や環境保護基本法や環境影響評価法などの他省庁に関するものは触れていない。特に森林、農地の沿岸域の保護と利活用は自然の活用型の防災と水利と自然との調和と自然力をフルに活用する意味でも必要であり、今後のさらなる努力を期待する。

⑨抜本改正を避けた「瀬戸内海環境特別保護法」

「瀬戸内海環境特別保護法」は1973年（昭和48年）に議員立法で成立し、1978年（昭和53年）には内閣提出の環境省主管法律となった。本法は、工場や家庭の排水が瀬戸内海に流れ込み、富栄養化と赤潮が発生し漁業被害の原因でこれを抑える目的で水質汚濁防止法をベースに、水質・排出を規制した

しかし、瀬戸内海の状況は大きく変化し富栄養化より、栄養が足りなくて、瀬戸内海がきれいになりすぎたとの批判を浴びた。海域によっては、富栄養化の場所もあり、海域による差がみられる。

2016年（平成27年）の改正（議員立法）で付帯事項がつけられた。それは「この法律の施行後５年をめどとして瀬戸内海の栄養塩の管理の在り方について検討を加えて必要があると認めるときには、その結果に基づいて所用の措置を講ずるものとする。」とされた。これらを受けて、2021年通常国会に環境省は改正案を提出した。

改正の内容は2016年（27年）改正法の実行を主目的にした。法律の目的に森川海の一連の流れとしての陸・海生態系の管理は入れず、この結果、底質の貧酸素や海砂利採取地の問題対応も不十分で総量規制削減の具体的な実行方法、特にCOD、窒素とリンの削減（一律の基準値の設定は上記の次第からも困難）は全体の環境基準に変更する必要があるがそれができていない。地球温暖化と瀬戸内海の海水温の上昇の抑制策も取っていないなどの課題がある。

「特定施設」（日量50トン以上の排水を流す工場などの施設）に対する基準を緩めたことも水質の保全上は課題として残った。

⑩政府の2050年までのゼロ・エミッションの決定

日本政府は2030年までに温室効果ガスの46％削減と2050年までのゼロ・エミッションを決定したが、二酸化炭素の排出の問題と地球温暖化の全体に悪影響を及ぼす排気ガス（メタンガスと代替フロン）を含んでいるのか明確に理解している人は少ない。また、これは、国内法上の拘束力があるのか否か、また具体的なエネルギーミックスを達成するために、現実的なミックス比率も示されていない。特に現在、我が国に54基存在する軽水炉型の原発を廃止するのか否か、「将来型のナトリウム冷却のコンパクト原発」の開発についての方針について明確な指針が示されていない。一旦40年以上の軽水炉型原発は再稼働しないこととし、一度、廃炉を決定したが、「40年の稼働年数を超えた福井原発」の再稼働が決定された。

⑪資源エネルギー庁が上記のゼロ・エミッションを受けてエネルギー基本計画を発表。

7月21日に発表された。

これによれば2030年のエネルギーミックスは再エネが36〜38%で現在の18%から20%増大、原子力が6%から20~22%で現行の目標と変わらずである。

水素とアンモニアは現在のゼロが1%である。一方、石炭は32%が19%に減少する。LNGも37%が20%に減少する。

用語解説

(1) 漁業法、漁業権と水産基本法と水産基本計画

漁業法は漁業生産に関する基本的制度。1949年12月に公布された現漁業法は漁業の民主化と漁業調整（「漁民による公的管理と民主的調整機構のもとでの調整による漁場の高度利用と、その漁民への利益の帰属」『農林水産省百年史』下）を目的に漁業の発展を目指したが、公布から71年経た現在、資源の乱獲で漁獲量は減少し、漁業は疲弊。科学的な資源管理と持続可能な資源利用の芽を摘んだ。排他的な漁業権制度（一定の水面において特定の漁業を一定の期間排他的に営む権利。都道府県知事が免許。みなし物権。譲渡は制限され、貸付けは禁止。区画漁業権、定置漁業権、共同漁業権などある）は沿岸、沖合漁業の競争、規模の拡大を阻害。弱小、脆弱な経営体に押し留めている。

2018年12月に69年ぶりに改正され、目的から民主化を削除。水産資源の保存及び管理を謳うが、漁業権制度は維持した。

水産基本法は2001年6月、それまで沿岸、沖合漁業の政策を定めてきた沿岸漁業等振興法の後継の法律として公布・施行された。施行から19年が経過。水産資源の持続的利用を謳うが、実現できず。5年を期間とした

水産基本計画を策定してきたが、漁業生産量をはじめとする目標は一度も達成されず。

(2) 国連海洋法条約と国連公海漁業協定

国連海洋法条約策定は、1945年のアメリカのトルーマン大統領の「大陸棚資源および公海上の漁業資源に対する沿岸国の管轄権を主張した宣言」に端を発する。1973年から始まり1982年まで行われた第3次国連海洋法会議で200カイリ排他的経済水域、科学的根拠に基づく総漁獲量規制など盛り込み採択された。発効は1994年。日本は1983年に署名、1996年に批准したが、総漁獲量規制を軽視し漁業の衰退を招く一因となった。

国連公海漁業協定（分布範囲が排他的経済水域の内外に存在する魚類資源〈ストラドリング魚類資源〉及び高度回遊性魚類資源の保存及び管理に関する1982年12月10日の海洋法に関する国際連合条約の規定の実施のための協定）は、排他的経済水域の内外に分布する魚類資源及び高度回遊性魚類資源の保存及び持続可能な利用を確保することを目的として、公海における両魚類資源の保存及び管理のための一般原則等について定める。

(3) 統治機構改革 1.5 & 2.0 報告書

ＰＨＰ研究所のシンクタンクである「政策シンクタンクPHP総研」が2019年3月に発表した報告書(提言)。「内閣におけるコア・エグゼクティブのチーム化の方法論の確立、総理による発議のさらなる活性化、『プーリング型』総合調整の実践、衆議院のアリーナ型議会化、参議院がより長期的課題に取り組むための独自の機能の明確化・差別化、独立機関の積極的立ち上げと活用等」を提言している。

(4) トラック1、トラック1.5、トラック2

トラック1とは政府間の対話でトラック2はトラック1を支える民間の対話。トラック1.5は民間の対話の場に政府の関係者が参加した対話の場。

(5) ABC、TACとIQ、ITQ

ABCとは生物学的許容漁獲量（Allowable Biological Catch）。科学的根拠に基づいた資源評価による漁獲量の上限。

TACとは総漁獲可能量（Total Allowable Catch）。科学的根拠に基づいて設定したABCを踏まえた上で社会・経済学的要因に配慮して行政庁が決定する。国連公海漁業協定で規定されている予防的アプローチの原則に基づけば、TACはABC以下でなければならない。

IQとは個別漁獲割当（Individual Quota）。TACの範囲内でそれぞれの漁業者（漁船）に割り当てられた漁獲量。

ITQとは譲渡可能個別漁獲割当（Individual Transferable Quota）。譲渡できるようにした個別漁獲割当。

(6) 日本経済調査協議会「水産業改革委員会」提言

2007年2月に日本経済調査協議会水産業改革髙木委員会は「食料は命の源泉である」との基本認識の下、「海洋環境の保護と水産資源の有効利用のため、水産資源を無主物としての扱いでなく、日本国民共有の財産と明確に位置付けよ」との緊急提言を行う。さらに、同年7月に「魚食をまもる水産業の戦略的な抜本改革を急げ」と題した政策提言を行う。日本漁業のあらゆる指標が負のスパイラルから抜け出せない中、2019年5月には第2次水産業改革委員会が「国連海洋法条約の精神と主旨を踏まえ、海洋と水産資源は国民共有の財産であることを新たな漁業・水産業の制度・システム（漁業関連法制度）の基本理念として明示すること」など7項目にわたる提言を行い政府の水産制度改革を促した。

(7) 海洋基本法と海洋基本計画

2007年7月に公布・施行された国連海洋法条約などの国際条約に基づいて海洋に関する基本理念を定めた法律。内閣府に設置された総合海洋政策本部（本部長は首相）が海洋に関する施策を総合的に推進する。5年毎に海洋基本計画を策定。海洋関係の幅広い分野を網羅しているが、水産資源の開発及び利用については、第1期基本計画以降、水産庁の政策がベースとなっている。2013年策定の第2期、さらに2018年策定の第3期では「水産基本計画等に従って取組を推進する」など謳い、水産庁の施策を全面的に追認している。

(8) 自由民主党水産部会

自由民主党が政策を検討する政務調査会の水産関係の部会。

(9) グレープロジェクトとグリーンプロジェクトとNBS（Nature Based Solutions）

グリーンプロジェクトとは、地球温暖化をはじめとする環境問題の解決に貢献する事業。再生可能エネルギーや省エネルギー、持続可能な廃棄物処理や土地利用・水管理、生物多様性の保全、環境負荷の少ない交通、気候変動への対応に関する事業など。

グレープロジェクトは地球温暖化など環境問題を加速する事業。

NBSはSDGs達成のため国際自然保護連合（IUCN）が提唱する自然を基盤とした解決法。

(10) 逆土木

コンクリートや鉄鋼などによる従来の土木に対して自然を活用した環境にやさしい土木。

(11) SDGs (Sustainable Development Goals:持続可能な開発目標)

SDGsは2015年の国連総会で決まった。貧困に終止符を打ち、地球を保護し、すべての人が平和と豊かさを享受できるようにすることを目指す普遍的な行動を呼びかけている。17の分野で目標を定めているが、この目標は2000年に採択されたミレニアム開発目標(MDGs)を土台とし、気候変動や経済的不平等、イノベーション、持続可能な消費、平和と正義などの新たな分野を優先課題として盛り込んでいる。海洋、水産はSDG14「海の豊かさを守ろう」で目標が定められている。

参照:漁業法、農林水産省百年史、水産庁・漁業権について、外交・安全保障関係シンクタンクのあり方に関する有識者懇談会報告書、世界と日本の漁業管理、日経調・第2次水産業改革委員会最終報告(提言)、goo辞書、海洋基本法、国連ホームページ、政策シンクタンクPHP総研ホームページ

あとがき

米国では2005年8月にミシシッピ川河口のニューオリンズを中心にハリケーン・カトリーナが襲来、ミシシッピ州だけで238人の死者が出ました。2012年10月にはニューヨークがハリケーン・サンデイに襲われ広範囲に水没し、170人以上の死者が出ました。欧州ではライン川の大雨による氾濫（2018年1月と2021年7月など）でドイツなどに数十人（2018年）から数百人（2021年）の多数の死者が出ました。これを契機に地球温暖化に対するために従来工法での防災について反省が起こり、コンクリートの道路が被害を拡大したとの議論も出て、欧米はNature-based Solutions（NBS：自然工法に基づく解決）に一層、傾いています。

日本でも東日本大震災で、大船渡湾と釜石湾の湾口防波堤が破壊され、また、石巻市や陸前高田市の防災施設も、人命を救うことが十分に達成できずに、三陸地方を中心に2万人の死者が出ました。また、本年7月14日にも宮城県大崎市で堤防が決壊するなど、日本でも台風や大雨・集中豪雨による被害が毎年のように生じています。

ところで日本の漁業生産量も大幅に減少しました。これは漁業資源の管理の失敗に加えて地球温暖化と海洋環境の変化により日本では、サケ、スルメイカとサンマなどが獲れなくなりました。このままでは、伝統的に魚食を中心としていた日本人の食生活が大幅に肉や乳製品に比重を変えていきます。しかし、それらの食物も水の供給不足、土壌の悪化と飼料の確保の問題がありいつまで食べられのか保障がありません。

このように問題点を整理すると、食糧の生産を育む陸・川と海の生態系とそれがもたらす生態系サービスの力はとても大切です。

このような問題点の認識と対応法について、本書は幅広く、従来とは違った観点から触れております。ご一読いただければ、私たちが直面する、海洋生体系を如何に回復していくべきか、問題に対する答えとヒントの一担が提供されるものと自負をしております。

本出版に関しては監修の労をお取りいただいた鹿島平和研究所の平泉信之会長、また、発刊にあたってのコメントをお寄せいただきました、亀井善太郎 PHP 総研主席研究員、横山勝英東京都立大学都市環境学部教授、小黒一正法政大学教授、松政正俊岩手医科大学教授に心より御礼を申し上げます。また、校正の労をお取りいただいた川崎龍宣氏にも心より御礼申し上げます。

最後に本出版に関して、ご尽力をいただいた（株）雄山閣の宮田哲男社長と八木崇氏に衷心より御礼を申し上げます。

2022年12月吉日

小松正之

■監修者紹介

平泉信之（ひらいずみのぶゆき）

1958 年生まれ。1982 年早稲田大学商学部卒。1991 年ヴァージニア大学経営管理大学院修士課程修了。鹿島建設取締役。一般財団法人会社役員育成機構理事。一般財団法人鹿島平和研究所会長。

1984 年に鹿島建設に入社。1988 年のヴァージニア大学経営管理大学院への留学の後、経営戦略室や営業本部企画部、建築技術本部、開発事業本部など枢要な部署での勤務を経て、2012 年に取締役就任。2015 年より現職。

■著者紹介

小松正之（こまつまさゆき）

1953 年岩手県生まれ。水産庁参事官、独立行政法人水産総合研究所理事、政策研究大学院大学教授等を経て、一般社団法人生態系総合研究所代表理事、アジア成長研究所客員教授。FAO 水産委員会議長、インド洋マグロ委員会議長、在イタリア日本大使館一等書記官、内閣府規制改革委員会専門委員を歴任。日本経済調査協議会「第二次水産業改革委員会」主査、及び鹿島平和研究所「北太平洋海洋生態系と海洋秩序・外交安全保障に関する研究会」主査。日本経済調査協議会「第三次水産業改革委員会」委員長・主査。

著書に『クジラは食べていい！』（宝島新書）、『国際マグロ裁判』（岩波新書）、『日本人の弱点』（IDP 新書）、『宮本常一とクジラ』『豊かな東京湾』『東京湾再生計画』『日本人とくじら　歴史と文化　増補版』『地球環境　陸・海の生態系と人の将来』『地球環境　陸・海の生態系と人の将来　世界の水産資源管理』『日本漁業・水産業の復活戦略』（雄山閣）など多数。

2023 年 1 月 25 日　初版発行　《検印省略》

海洋生態系再生への提言
―持続可能な漁業を確立するために―

監　修　平泉信之
著　者　小松正之
発行者　宮田哲男
発行所　株式会社 雄山閣
〒 102-0071　東京都千代田区富士見 2-6-9
ＴＥＬ　03-3262-3231 / ＦＡＸ　03-3262-6938
ＵＲＬ　https: //www.yuzankaku.co.jp
e-mail　info@yuzankaku.co.jp
振　替：00130-5-1685
印刷・製本　株式会社ティーケー出版印刷

ISBN978-4-639-02847-5 C3062
N.D.C.660　248p　19cm